水木书荟

U0271179

Arduino／Genuino 101开发入门

陈吕洲　编著

清華大学出版社

北京

内 容 简 介

Genuino 101 是一个极具特色的 Arduino 开发板,它基于 Intel Curie 模组,不仅有着和 Arduino UNO 一样的特性和外设,还集成了低功耗蓝牙(BLE)和六轴姿态传感器(IMU)功能,借助 Intel Curie 模组上模式匹配引擎,甚至可以进行机器学习操作。因此,使用 Genuino 101 可以完成一些传统单片机或者 Arduino 难以胜任的工作,制作更为惊艳的作品。

本书以清晰的结构讲述 Genuino 101 开发基础,内容涵盖 Arduino 编程基础知识和 Genuino 101 高级 API 的使用。

全书共 9 章,第 1 章简述 Arduino 与 Genuino 101 的历史、软硬件及开发环境使用方法;第 2~4 章讲解 Arduino 核心 API 的使用方法;第 5~9 章讲解 Genuino 101 独有的 Curie API 和 u8g2 驱动显示设备的方法。完成本书的学习后,可以具备大多数常见项目的开发能力。

本书主要针对大学生、研究生和开发者编写,适合入门学习。

图书在版编目(CIP)数据

Arduino/Genuino 101 开发入门/陈吕洲编著. —北京:清华大学出版社,2017
ISBN 978-7-302-47852-2

Ⅰ. ①A… Ⅱ. ①陈… Ⅲ. ①单片微型计算机—程序设计 Ⅳ. ①TP368.1

中国版本图书馆 CIP 数据核字(2017)第 175099 号

责任编辑:刘　星　梅栾芳
封面设计:刘　键
责任校对:徐俊伟
责任印制:杨　艳

出版发行:清华大学出版社
　　　　网　　　址:http://www.tup.com.cn,http://www.wqbook.com
　　　　地　　　址:北京清华大学学研大厦 A 座　　　　邮　　编:100084
　　　　社 总 机:010-62770175　　　　邮　　购:010-62786544
　　　　投稿与读者服务:010-62776969,c-service@tup.tsinghua.edu.cn
　　　　质 量 反 馈:010-62772015,zhiliang@tup.tsinghua.edu.cn
　　　　课 件 下 载:http://www.tup.com.cn,010-62795954
印 装 者:三河市金元印装有限公司
经　　销:全国新华书店
开　　本:185mm×230mm　　　　印　张:13.25　　　　字　　数:297 千字
版　　次:2017 年 10 月第 1 版　　　　印　　次:2017 年 10 月第 1 次印刷
印　　数:1~2000
定　　价:49.00 元

产品编号:072229-01

FOREWORD

Genuino 101 是一个极具特色的 Arduino 开发板，它基于 Intel Curie 模组，不仅有着和 Arduino UNO 一样的特性和外设，还集成了低功耗蓝牙(Bluetooth Low Energy，BLE)和六轴姿态传感器(Inertial Measurement Unit，IMU)功能，借助 Intel Curie 模组上模式匹配引擎，甚至可以进行机器学习操作。因此，使用 Genuino 101 可以完成一些传统单片机或者 Arduino 难以胜任的工作，制作更为惊艳的作品。

相较于传统的 Arduino 开发板，Genuino 101 具有如下优势。

1. 控制核心 Intel Curie 是一个带有机器学习功能的模组

机器学习是当今技术领域的热点，但真想弄懂机器学习需要具备数学、逻辑学、统计学等多学科的知识。现在只需要有 Genuino 101，即可在项目上应用或者体验机器学习的魅力了。

Genuino 101 自带神经元，能进行基础的分类学习，这带来的好处是巨大的。结合 Genuino 101 的 IMU，可以进行动作识别，而不用复杂的编程。想象一下如何用纯编程的方法实现动作识别，真的是太难了。

2. 可以进行真正的低功耗蓝牙开发

低功耗蓝牙技术是目前最流行的无线通信技术之一，我们用的移动设备几乎都带低功耗蓝牙功能，了解低功耗蓝牙开发，对开发人员大有裨益。

Genuino 101 是蓝牙官方(SIG)推荐的蓝牙开发入门平台，其上集成有 Nordic 蓝牙模组，并提供了 CurieBLE 库用于开发，它能让我们了解什么是真正的蓝牙通信，还可以制作各种蓝牙 BLE 设备。

3. 硬件配置更为强大

相比 Arduino UNO，Genuino 101 配置更为强大。Intel Curie 上集成有 x86 和 arc 两个核心，拥有更强的运算能力。

除了前面提到的完整的蓝牙 BLE、神经元等亮点外，Genuino 101 上集成的姿态识别

IMU 也是高配版。我们常见的 IMU 传感器都是民用级别的,而 Genuino 101 上自带的博世 IMU BMI160 是一个车载级别的芯片,其性能远高于民用标准。

另外,Genuino 101 的每一个 I/O 口都支持外部中断,使得程序编写和硬件连接更具灵活性。

这里需要强调,树莓派等 Linux 开发板和 Arduino 之间并没有可比性,二者应用场合不一样。

4. 可以使用更多的开发方式,更适合学生和爱好者使用

Genuino 101 除了能使用 Arduino 方式开发,还可以切换到 Zephyr RTOS 进行开发。而在 Zephyr 基础上,Intel 还提供了 JavaScript 解释器,因此还可以使用 JavaScript 进行开发。

这些特点使得 Genuino 101 对爱好者更具可玩性,对学生更有学习价值,不仅能通过 Genuino 101 学习 Arduino 开发方法,还能了解 RTOS 等更高级的知识。

5. Intel 和 Arduino 强强联合

过去的 Arduino 开发板大多是 Arduino 官方独立设计开发制造的,而 Genuino 101 由 Arduino 和 Intel 两个团队共同开发,从 Arduino 社区的关注度到源代码的更新进度,都可见一斑。

以上为使用 Genuino 101 的优势,但在使用 Genuino 101 之前也应该了解目前使用 Genuino 101 的阻碍。

(1) 目前 Intel Curie 芯片没有对个人用户销售,但企业用户是可以购买到的,国内外已经有基于 Intel Curie 的产品量产。

(2) 价格较高。大部分人没用 Genuino 101 的原因只是因为太贵,但相信大部分人用 Arduino 并不是开发量产的产品,笔者认为并没有必要节约百十块钱。即使是开发量产产品,也可以先购买 Genuino 101 用于原型制作。量产时可自己制作 PCB,采购 Intel Curie 模组进行生产。

(3) 部分基于 AVR 的 Arduino 库,在 Genuino 101 上无法使用。但这个问题不大,还有非常多的标准 Arduino 库可以在 Genuino 101 上使用,Genuino 101 还自带蓝牙 BLE、IMU、机器学习等功能,Intel 和 Arduino 官方也提供了对应的库,这些库组合起来已经可以满足大部分项目需求了。另外,在可穿戴领域,Genuino 101 比其他 Arduino 方案更有优势。

本书是笔者将过去在 Arduino 中文社区上撰写的 Genuino 101 相关教程与自身开发经验相结合整理而成的,内容涵盖 Arduino 编程基础知识和 Genuino 101 高级 API 的使用,主要针对大学生、研究生和开发者编写,适合入门学习。

由于编写本书时 Genuino 101 的蓝牙 BLE 库正在大版本更新过程中,相关 API 可能会

有很大变化,因此本书中没有蓝牙 BLE 开发章节,待 BLE 库稳定版本推出后,读者可在 Arduino 中文社区上阅读 BLE 开发章节。

参与本书编撰和校审的还有邱力超、魏宇科、王翔、赵东相、任蕾凡、邹东雁。

特别感谢 Intel 在线业务部在写作本书时提供的支持与帮助。

由于笔者水平有限,书中难免存在不足之处,敬请读者批评指正。欢迎读者通过 Arduino 中文社区(http://www.arduino.cn/)参与本书相关内容的讨论。本书相关资料及代码均可在清华大学出版社本书页面以及笔者的个人网站(http://clz.me/101-book/)获取。

陈吕洲

2017 年 7 月

作者简介:

陈吕洲　Arduino 中文社区创始人,硬件创业者,畅销图书《Arduino 程序设计基础》的作者。早期从事机器人竞赛,现从事软硬件产品设计与开发工作。在业余时间致力于开源硬件的设计与推广,长期积极参与和推动国内开源硬件及相关社群的发展。研究领域涉及 Arduino、mbed、ScriptBoard 等硬件开发平台,Linux、Zephyr 等嵌入式操作系统,也为 Intel、Atmel 等公司提供开源硬件产品设计与推广咨询服务。

CONTENTS

第1章

Arduino与Intel Curie

Arduino 自 2005 年推出以来,广受好评,如今已成为最热门的开源硬件之一,在全球最大的开源社区 Github 上,Arduino 已经成为一个语言分类,其热门程度可见一斑。

Intel Curie 是 Intel 在 2015 年发布的穿戴式计算平台,集成了蓝牙 BLE 技术、六轴姿态传感器和神经元机器学习功能,是目前最先进的可穿戴模组。

以上两者结合,便是本书将讲解的 Arduino/Genuino 101,见图 1-1。

图 1-1　Arduino/Genuino 101 开发板

1.1　什么是 Arduino

在回答 Arduino 是什么之前,让我们先来看几个基于 Arduino 开发的项目。

1. ArduPilot

ArduPilot(图1-2)是基于Arduino开发的无人机控制系统,是目前最强大的基于惯性导航的开源飞行控制器之一。它集成有陀螺仪、加速度传感器、电子罗盘传感器、大气压传感器、GPS等部件。使用ArduPilot制作的四轴飞行器如图1-3所示。

图1-2　ArduPilot控制器

图1-3　ArduPilot制作的四轴飞行器

2. MakerBot

MakerBot(图1-4)是一款使用Arduino Mega作为主控制器的3D打印机。Arduino负责解读G代码,驱动步进电机、打印喷头等部件来打印3D物体。

3. ArduSat

ArduSat是美国加州的NanoSatisfi团队在众筹网站Kickstarter上推出的用Arduino制作的微型人造卫星项目(图1-5),目的是让任何人都可以用更低的成本从事有关宇宙的研究。

图1-4　MakerBot 3D打印机

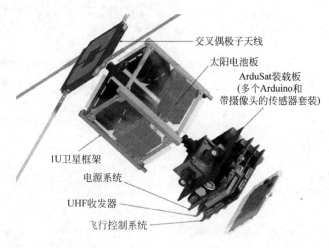

交叉偶极子天线
太阳电池板
ArduSat装载板
(多个Arduino和
带摄像头的传感器套装)
1U卫星框架
电源系统
UHF收发器
飞行控制系统

图1-5　ArduSat卫星结构示意图

它只有$1dm^3$大小,能以18倍音速的速度围绕地球飞行,并配备照相机和多达25种感应器,搭载的感应器包括电磁波测定装置、分光器、振动传感器、光传感器、GPS、盖革计数器、陀螺仪、磁场传感器、二氧化碳检测传感器等。

4. 智能灯控系统

图1-6为集合Zigbee、GPRS、Arduino等多种技术制作的无线灯控系统。

图1-6为一个路灯控制节点,它由电源模块、互感器、继电器、电能计量芯片、Zigbee无线模块、AVR单片机组成。其中,AVR单片机中的程序,便是使用Arduino库写成。

5. 交互月球灯

图1-7是一个Arduino开发的创意电子产品。外壳使用3D打印制造,内部集成了一个Genuino 101控制器和RGB三色LED,可以通过蓝牙连接和姿态检测,控制灯的开关和颜色。

图1-6　无线灯控系统

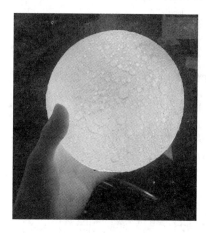

图1-7　交互月球灯

Arduino并不仅仅是一块小小的电路板,而是一个开放的电子开发平台。它包含了硬件(电路板)、软件(开发环境),还有许许多多开发者、使用者创造的代码、程序。

Arduino抛开了传统硬件开发的复杂操作,不需要了解硬件内部结构和寄存器设置,不需要过多的电子知识、编程知识,只需要通过简单的学习,了解各个引脚和函数的作用,便可以利用它开发出各种出色的项目。还可以将Arduino与多种软件结合(如Flash、Max/Msp、VVVV、Processing)制作出有趣的互动作品。

自Arduino推出以来,短短几年时间,其在全球积累了大量的用户,推动了开源硬件、创客运动,甚至是硬件创业领域的发展。越来越多的芯片厂商、开发公司宣布自己硬件对Arduino的支持。

在Arduino的推动下,诞生了许多优秀的开源硬件项目,有趣的是,Arduino本身也是多个开源项目融合的成果。图 1-8 为 Arduino 使用了的部分开源项目。

Arduino 编译器使用的是 GCC/C++，这是 GNU 开源计划的核心，使用最为广泛的编译器之一；Arduino 语言衍生自 Wiring 语言，这是一个开源的单片机编程架构，同时 Arduino 语言又是基于 AVR-Libc 这个 AVR 单片机扩展库编写的，AVR-Libc 也是一个优秀的开源项目；Arduino 集成开发环境是基于 Processing 的，Processing 是一个为设计师设计的新型语言，当然这也是一个开源项目。Processing 开发环境是由 Java 编写的，Java 是众所周知的开源项目；要想将编译好的 Arduino 程序上传到 Arduino 控制器中，还需使用到 AVR-DUDE，这也是一个开源项目的成果。

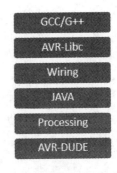

图 1-8 组成 Arduino 的开源项目

可以说，没有这些开源项目，就没有今天的 Arduino。

1.2 为什么使用 Arduino 作为开发平台

用 Arduino 制作产品或者进行产品开发的优势是很明显的。

1. 跨平台

Arduino IDE 可以在 Windows、Macintosh OSX、Linux 三大主流操作系统上运行，而其他的大多数控制器只能在 Windows 上开发。

2. 简单清晰的开发

Arduino IDE 基于 Processing IDE 开发。对于初学者来说，极易掌握，同时有着足够的灵活性。Arduino 语言基于 Wiring 语言开发，是对单片机底层接口的二次封装，不需要太多的单片机基础、编程基础，简单学习后，也可以快速地进行开发。

3. 开放性

Arduino 的硬件原理图、电路图、IDE 软件及核心库文件都是开源的，在开源协议范围内里可以任意修改原始设计及相应代码。

4. 社区与第三方支持

Arduino 有着众多的开发者和用户，我们可以找到他们提供的众多开源的示例代码、硬件设计。例如，可以在 Github.com、Arduino.cc、Openjumper.com 等网站找到 Arduino 第三方硬件、外设、类库等支持，更快更简单地扩展我们的 Arduino 项目。

5. 硬件开发的趋势

Arduino不仅仅是全球最流行的开源硬件,也是一个优秀的硬件开发平台,更是硬件开发的趋势。Arduino简单的开发方式使得开发者更关注创意与实现,更快地完成自己的项目开发,大大节约了学习的成本,缩短了开发的周期。

因为Arduino的种种优势,越来越多的专业硬件开发者已经或开始使用Arduino来开发他们的项目、产品;越来越多的软件开发者使用Arduino进入硬件、物联网等开发领域;在大学里,自动化、软件甚至艺术专业也纷纷开展了Arduino相关课程。

1.3　Genuino 101 与 Intel Curie

Arduino发展至今已经有多种型号的开发板,而Arduino 101是Intel与Arduino合作推出的最新款Arduino控制器。由于商标权利原因,原Arduino团队在我国使用Genuino作为商标,因此在我国发售的Arduino 101以Genuino 101命名。Arduino与Genuino商标见图1-9。

图 1-9　Arduino 与 Genuino 商标

Genuino 101(图1-10左图)是一个极具特色的Arduino开发板,它基于Intel Curie模组(图1-10右图),不仅有着和Arduino UNO一样的特性和外设,还集成了低功耗蓝牙(BLE)和六轴姿态传感器(IMU)功能,借助Curie模组上模式匹配引擎,甚至可以进行机器学习操作。因此使用Genuino 101可以完成一些传统单片机或者Arduino难以胜任的工作,制作更为惊艳的作品。

Intel Curie模组是Intel推出的面向可穿戴市场的解决方案,集成有x86架构的Intel Quark SE内核、低功耗蓝牙、电源管理、加速度和陀螺仪、晶振时钟源。Intel提供的交叉工具链可以编译Arduino项目,让Genuino 101完成项目要求。

Genuino 101带有14个数字I/O引脚(其中4个可用作PWM输出)、6个模拟输入引脚、用于串口通信和程序上传的USB连接器、电源插座、SPI引脚和I^2C引脚。输入/输出电压为3.3V,但也可以承受5V的电压。其相关参数见表1-1。其物理组成见图1-11。

图 1-10   Genuino 101 与 Intel Curie 模组

表 1-1   **Genuino 101 的相关参数**

项　　目	描　　述
控制器	Intel Curie(英特尔居里)
工作电压/V	3.3(I/O 兼容 5V 输入)
输入电压(推荐)/V	7～12
输入电压(极限)/V	6～20
数字 I/O	14 个(其中 4 个提供 PWM 输出功能)
PWM I/O	4 个
模拟输入 I/O	6 个
I/O 直流输出能力/mA	4
Flash/KB	196
SRAM/KB	24
时钟频率/MHz	32
板载 LED 控制引脚	13
特点	蓝牙 BLE，六轴姿态传感器(加速度计/陀螺仪)
长/mm	68.6
宽/mm	53.4

1. 和其他 Arduino 开发板的区别

如图 1-12 所示，Genuino 101 的常用接口和外设与 Arduino UNO 相同，而使用 32 位微控制器、3.3V I/O 的特性和 Arduino Zero 类似。最大的不同是其使用了高性能、低功耗的 Intel Curie，集成有低功耗蓝牙(BLE)和六轴姿态传感器(IMU)。

2. 电源接口及电源引脚

Genuino 101 能通过 USB 或者外部电源接口供电。两者同时供电时，电路能自动进行切换。外部电源接口可以接交流转直流的适配器供电，也可以使用电池供电。

电源相关引脚如下：

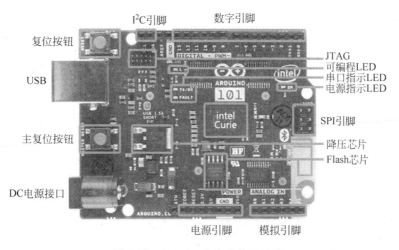

图 1-11 Genuino 101 的物理组成

图 1-12 Genuino 101 与 Arduino UNO

VIN：当使用外部 DC 电源供电时，VIN 引脚就是外部电源的电压。可以直接通过这个引脚使用外部电源。

5V：板载 5V 输出引脚，该引脚电源来自 USB 口直接供电，或者将 DC 电源座 7～12V 的电源输入后降压到 5V。尽可能避免使用板载的电源，如果控制不好，可能会毁坏 Arduino。

3.3V：板载 3.3V 输出引脚，最大能提供 1 500mA 电流，Curie 也是使用这个引脚供电。

GND：接地引脚。

IOREF：板载的 I/O 参考电平脚，一些 Arduino 扩展板能通过这个引脚判断控制器工作电压，进而切换成合适的电压(5V 或 3.3V)进行工作。

3. 存储

Intel Curie 的两个处理器共用其上的存储空间，用户能够使用 196KB 的 Flash(总共 384KB)和 24KB 的 SRAM(总共 80KB)。

4. I/O

Genuino 101 有 20 个通用 I/O 引脚,通过 pinMode()、digitalWrite()和 digitalRead()函数可以进行数字输入/输出操作,通过 analogWrite()函数进行 PWM 输出。所有引脚都工作在 3.3V 电压下。每个引脚都可以通过 4mA 左右的电流。其中还有一些引脚可以使用特定的函数驱动。

5. 串口

引脚 0(RX)和 1(TX)。需要注意的是,Genuino 101 编程中驱动 0、1 需要使用 Serial1,而不是 Serial。

6. 中断

所有引脚都可以使用外部中断,中断形式有高电平、低电平、上升沿、下降沿、电平改变触发(电平改变触发仅支持 2,5,7,8,10,11,12,13)。具体可见 attachInterrupt()函数及详细说明。

7. PWM

引脚 3,5,6,9。可通过 analogWrite()函数提供 8 位 PWM 输出。

8. SPI

引脚 SS,MOSI,MISO,SCK。可通过 SPI 库驱动 SPI 引脚。

9. LED

板载 LED 灯通过 13 号引脚驱动。当引脚输出高电平时,LED 亮;当引脚输出低电平时,LED 不亮。

10. ADC

20 个通用 I/O 中有 6 个可以用于模拟输入。板上的 A0～A5 即为模拟输入引脚,ADC精度为 10 位。支持 GND～3.3V 以内的输入。

11. TWI

引脚 SDA、SCL。TWI 通信使用 Wire 库。

1.4　配置 Genuino 101 开发环境

要开发 Genuino 101，需要 Arduino IDE 下载 1.6.7 或者更新版本。可以通过 Arduino 官方网站下载 Arduino IDE，地址：https://www.arduino.cc/en/Main/Software。

如果 Arduino 官网无法访问，也可以通过以下链接下载 Arduino IDE：http://clz.me/101-book/download/。

如图 1-13 所示，在页面右侧选择使用的操作系统，即可下载对应版本的 Arduino IDE。

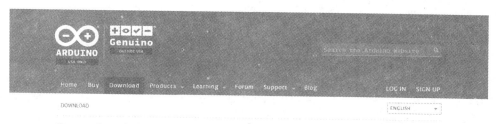

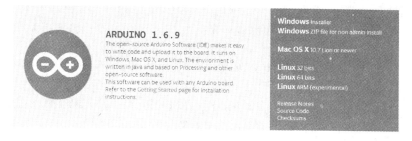

图 1-13　Arduino IDE 下载 1

如图 1-14 所示，下载页面会出现捐助选项，可以通过单击下方的 Just Download 跳过捐助，直接下载。

（1）Windows 系统。单击 Windows Installer 下载安装包，指定地址安装 Arduino IDE，然后通过桌面快捷方式进入 Arduino IDE；也可以下载 zip 压缩包，解压文件到任意位置，双击 Arduino.exe 进入 Arduino IDE。

（2）Mac OS X 系统。下载并解压 zip 文件，双击 Arduino.app 进入 Arduino IDE；如果没有安装过 Java 运行库，系统会提示安装，安装完成后，即可运行 Arduino IDE。

（3）Linux 系统。需要使用 make install 命令安装，如果使用的是 Ubuntu 系统，则推荐直接使用 Ubuntu 软件中心安装 Arduino IDE。

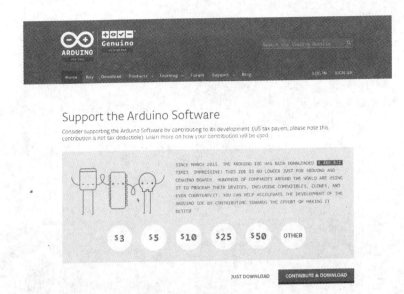

图 1-14　Arduino IDE 下载 2

1.5　认识 Arduino IDE

Arduino IDE 是 Arduino 的默认开发环境,其简单明了,包含了开发 Arduino 所需的核心功能。

如图 1-15 所示,进入 Arduino IDE 后,首先出现的是 Arduino IDE 的启动画面。

图 1-15　Arduino IDE 的启动画面

　　几秒后,可以看到一个简单明了的界面,Arduino IDE 窗口分为如图 1-16 所示的几个区域。

图 1-16　Arduino IDE 界面功能解析

　　在工具栏上,Arduino IDE 提供了常用功能的快捷键。

验证(Verify):验证程序是否编写无误,如无误则编译该项目。

上传(Upload):编译并上传程序到 Arduino 控制器上。

新建(New):新建一个项目。

打开(Open):打开一个项目。

保存(Save):保存当前项目。

串口监视器(Serial Monitor):IDE 自带的一个简单的串口监视器程序,用它可以查看串口发送和接收到的数据。

　　相较于 IAR、Keil 等专业的硬件开发环境,Arduino 的开发环境给人简单明了的感觉,省去了很多不常用的功能,让没有太多基础的使用者更容易上手。

　　如果你是一个专业的开发人员,或者正准备使用 Arduino 开发一个大型项目,笔者推荐使用 Visual Studio、Eclipse 等更为专业的开发环境进行开发。当然,第三方的开发环境都需要安装相应的 Arduino 插件并配置,具体的使用方法可以在以下网址查阅:http://clz.me/101-book/more/。

1.6   添加 Genuino 101 支持

Arduino IDE 默认状态下是不带 Genuino 101 支持的,需要使用开发板管理器添加 Genuino 101 支持。

通过 Arduino IDE 菜单"工具→开发板→开发板管理器"打开开发板管理器,如图 1-17 所示。

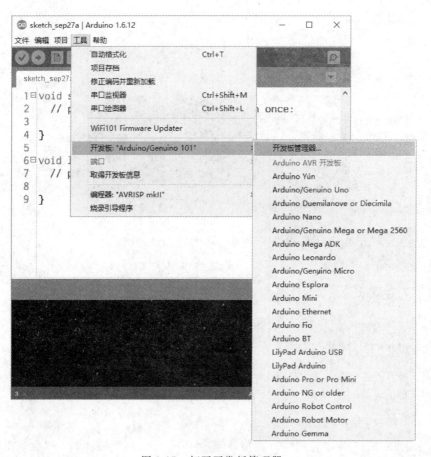

图 1-17　打开开发板管理器

在搜索框内输入 101,选中 Arduino/Genuino 101 扩展项,并单击"安装"按钮。

在"安装"按钮左侧下拉框中可以选择 Genuino 101 扩展的版本,建议选择版本号最高的最新版本,然后单击"安装"按钮,如图 1-18 所示。

安装过程中,程序会提示安装 Intel Curie 驱动,选择"安装"即可。

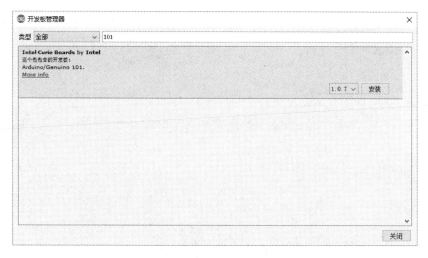

图1-18　开发板管理器

如果设备无法联网，或者下载速度太慢，可以在以下网址直接下载 Genuino 101 支持包并手动添加：http://clz.me/101-book/download/。

将以上压缩包都放到如下路径中：C:\Users\< username >\AppData\Local\Arduino15\staging\packages（< username >指在 Windows 系统中的用户名），如图 1-19 所示。

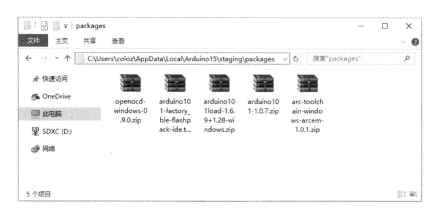

图1-19　将压缩包放到指定路径

然后再从板卡管理器中安装对应版本的扩展，如图 1-18 所示。

成功安装 Genuino 101 支持后，可以通过 Arduino IDE 菜单"工具→开发板"看到 Arduino/Genuino 101 选项，选择该项即可开始 Genuino 101 开发，如图 1-20 所示。

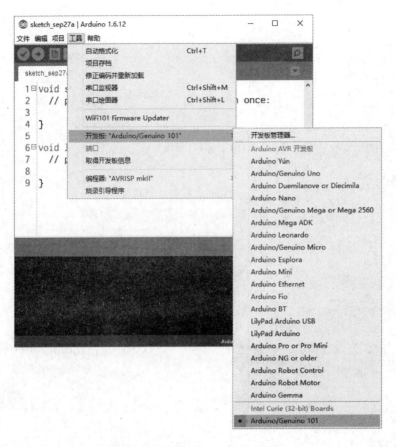

图 1-20　开始 Genuino 101 开发

1.7　Blink——Arduino 的 Hello World

　　Hello World 是所有编程语言的第一课，不过在 Arduino 中，我们的 Hello World 叫做 Blink。Arduino 提供了很多示例代码，使用这些示例代码可以很轻松地开始我们的 Arduino 学习之旅。

　　如图 1-21 所示，通过 Arduino IDE 菜单"文件→示例→01. Basics→Blink"找到要使用的例程，单击便可打开。

　　打开示例程序后可以看到以下代码：

图 1-21 Blink

```
/ *
Blink
等待 1s,点亮 LED,再等待 1s,熄灭 LED,如此循环
* /
//在大多数 Arduino 控制板上, 13 号引脚都连接了一个标有 L 的 LED 灯
//给 13 号引脚连接的设备设置一个别名 led
int led = 13;

//在板子启动或者复位重启后, setup 部分的程序只会运行一次
void setup(){
    //将 led 引脚设置为输出状态
    pinMode(led, OUTPUT);
}

//setup 部分程序运行完后,loop 部分的程序会不断重复运行
void loop()
{
```

```
    digitalWrite(led, HIGH);                            //点亮 LED
    delay(1000);                                        //等待 1s
    digitalWrite(led, LOW);                             //通过将引脚电平拉低,关闭 LED
    delay(1000);                                        //等待 1s
  }
```

在编译该程序前,需要先在 Arduino IDE 菜单"工具→开发板"中选择 Arduino/Genuino 101 选项,如图 1-20 所示。

如图 1-22 所示,接着在 Arduino IDE 菜单"工具→端口"中选择 Genuino 101 对应的串口。当 Arduino IDE 检测到 Genuino 101 后,会在对应的串口名称后显示 Arduino/Genuino 101,以提示用户选择。

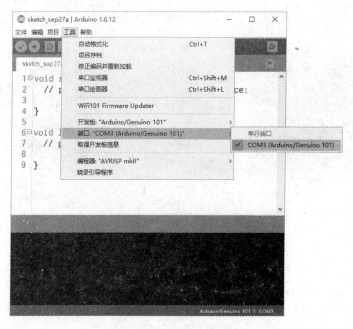

图 1-22　选择对应串口

- 在 Windows 系统中,串口名称为 COM 加数字编号,如 COM3;
- 在 Mac OS 中,串口名称为/dev/cu. usbmodem＋数字编号;
- 在 Ubuntu 中,串口名称为/dev/ttyACM＋数字编号。

板卡和串口设置完成后,可以在 IDE 的右下角看到当前设置的 Arduino 控制器型号及对应串口。

接着单击 按钮,IDE 会自动检测程序是否正确,如果程序没有错误,调试提示区会依次显示"正在编译项目…""编译完成"。

编译完成后,将看到如图 1-23 的提示信息。

图 1-23　编译提示

"17 628 字节"为程序编译后的大小，"最大为 155 648 字节"指用户可使用的 Flash 存储空间大小。如果程序有误，调试提示区会显示相关错误提示。

单击 按钮，调试提示区会显示"正在编译项目…"，很快该提示会变成"上传"，这说明程序正在被写入 Genuino 101 中。

当显示"上传成功"时，会看到如图 1-24 的提示。

图 1-24　上传提示

大概 5s 后，可以看到该段程序的效果——板子上的标有 L 的 LED 在按设定的程序闪烁了。

第2章

Arduino编程基础

本章开始,将由浅入深地详细介绍开发 Genuino 101 所需的基础知识与开发方法。

2.1 Arduino 语言

Arduino 使用 C/C++编写程序,虽然 C++兼容 C 语言,但这毕竟是两种语言,C 语言是一种面向过程的编程语言,C++是一种面向对象的编程语言。目前最新的 Arduino 核心库采用 C 与 C++混合编写而成。

严格来说,通常所说的 Arduino 语言其实是一套基于 C/C++的嵌入式设备开发框架。其核心库文件提供了各种应用程序编程接口(Application Programming Interface,API)以供驱动硬件设备,这些 API 是对更底层的单片机支持库进行二次封装所形成的。例如,使用 AVR 单片机的 Arduino 的核心库是对 AVR-Libc(基于 GCC 的 AVR 支持库)的二次封装。

传统开发方式中,需要清楚每个寄存器的意义及之间的关系,然后通过配置多个寄存器来达到目的。而在 Arduino 中,使用了清楚明了的 API 替代繁杂的寄存器配置过程,如以下代码:

```
pinMode(13,OUTPUT);
digitalWrite(13,HIGH);
```

pinMode(13,OUTPUT)即是设置引脚的模式,这里设定了 13 脚为输出模式;而 digitalWrite(13,HIGH)是让 13 脚输出高电平数字信号。

这些封装好的 API 使得程序中的语句更容易被理解,不用理会单片机中繁杂的寄存器配置,就能直观地控制 Arduino,增强程序可读性的同时,也提高了开发效率。

在第 1 章我们已经看到第一个 Arduino 程序 Blink,如果使用过 C/C++语言,会发现 Arduino 的程序结构与传统的 C/C++结构的不同——Arduino 程序中没有 main 函数。

其实并不是 Arduino 没有 main 函数,而是 main 函数的定义隐藏在了 Arduino 的核心库文件中。Arduino 开发一般不直接操作 main 函数,而是使用 setup 和 loop 这两个函数。

通过 Arduino IDE 菜单"文件→示例→01.Basics→BareMinimum"可以看到 Arduino 程序的基本结构:

```
void setup()
{
    //在这里加入 setup 代码,它只会运行一次
}

void loop()
{
    //在这里加入 loop 代码,它会不断重复运行
}
```

Arduino 程序基本结构由 setup()和 loop()两个函数组成:

(1) setup()。Arduino 控制器通电或复位后,即会开始执行 setup()函数中的程序,该部分只会执行一次。

通常会在 setup()函数中完成 Arduino 的初始化设置,如配置 I/O 口状态,初始化串口等操作。

(2) loop()。在 setup()函数中的程序执行完后,Arduino 会接着执行 loop()函数中的程序。而 loop()函数是一个死循环,其中的程序会不断地重复运行。

通常会在 loop()函数中完成程序的主要功能,如驱动各种模块、采集数据等。

2.2　C/C++语言基础

C/C++语言是国际上广泛流行的计算机高级语言。绝大多数硬件开发均使用 C/C++语言,Arduino 也不例外。使用 Arduino 需要有一定的 C/C++基础,由于篇幅有限,本书仅对 C/C++语言基础进行简单的介绍。此后章节中还会穿插介绍一些特殊用法及编程技巧。

2.2.1　数据类型

在 C/C++语言程序中,对所有的数据都必须指定其数据类型。数据又有常量和变量之分。

需要注意的是,Genuino 101 与 AVR 做核心的 Arduino 中的部分数据类型所占用的空间和取值范围有所不同。

1. 变量

在程序中数值可变的量称为变量。其定义方法如下:
例如,定义一个整型变量 i:

```
int i;
```

可以在定义时为其赋值,也可以定义后对其赋值,例如:

```
int i;
i = 95;
```

和

```
int i = 95;
```

两者是等效的。

2. 常量

在程序运行过程中,其值不能改变的量,称为常量。常量可以是字符,也可以是数字,通常使用语句

```
const 类型常量名 = 常量值
```

定义常量。

还可以用宏定义来达到相同的目的。语句如下:

```
♯define 宏名 值
```

如在 Arduino 核心库中已定义的常数 PI,即是使用

```
#define PI 3.1415926535897932384626433832795
```

定义的。

1. 整型

整型即整数类型。Genuino 101 可使用的整型类型及取值范围见表 2-1。

表 2-1 整型与取值范围

类　　型	取 值 范 围	说　　明
int	$-2\,147\,483\,648\sim2\,147\,483\,647$ $(-2^{31}\sim2^{31}-1)$	整型
unsigned int	$0\sim4\,294\,967\,295$ $(0\sim2^{32}-1)$	无符号整型
long	$-2\,147\,483\,648\sim2\,147\,483\,647$ $(-2^{31}\sim2^{31}-1)$	长整型
unsigned long	$0\sim4\,294\,967\,295$ $(0\sim2^{32}-1)$	无符号长整型
short	$-32\,768\sim32\,767$ $(-2^{15}\sim2^{15}-1)$	短整型

2. 浮点型

浮点数也就是常说的实数。在 Arduino 中有 float 和 double 两种浮点类型,在 Genuino 101 中,float 类型占用 4B(32b)内存空间,double 类型占用 8B(64b)内存空间。

浮点型数据的运算速度较慢且可能有精度丢失。通常会把浮点型转换为整型来处理相关运算。如 9.8cm,通常将其换算为 98mm 来计算。

3. 字符型

字符型,即 char 类型,也是一种整型,占用 1B 内存空间,常用于存储字符变量。存储字符时,字符需要用单引号引用,如:

```
char col = 'C';
```

字符都是以整数形式存储在 char 类型变量中的,数值与字符的对应关系,请参照附录 B 的 ASCII 码表。

4. 布尔型

布尔型变量,即 boolean。它的值只有两个:false(假)和 true(真)。boolean 会占用 1B

的内存空间。

2.2.2　运算符

C/C++语言中有多种类型的运算符,常见运算符见表2-2。

表2-2　常见C/C++运算符

运算符类型	运 算 符	说　　明
算术运算符	＝	赋值
	＋	加
	－	减
	＊	乘
	／	除
	％	取模
比较运算符	＝＝	等于
	！＝	不等于
	＜	小于
	＞	大于
	＜＝	小于或等于
	＞＝	大于或等于
逻辑运算符	＆＆	逻辑与运算
	‖	逻辑或运算
	！	逻辑非运算
复合运算	＋＋	自加
	－－	自减
	＋＝	复合加
	－＝	复合减

2.2.3　表达式

通过运算符将运算对象连接起来的式子,称之为表达式,如5＋3、a－b、1＜9等。

2.2.4　数组

数组是由一组相同数据类型的数据构成的集合。数组概念的引入,使得在处理多个相同类型的数据时,程序更加清晰和简洁。其定义方式如下。

1. 数据类型数组名称[数组元素个数]

如定义一个有 5 个 int 型元素的数组：

```
int a[5];
```

2. 数组名称[下标]

需要注意的是，数组下标是从 0 开始编号的。如，将数组 a 中的第 1 个元素赋值为 1：

```
a[0] = 1;
```

可以使用以上方法对数组赋值，也可以在数组定义时，对数组进行赋值。如：

```
int a[5] = {1,2,3,4,5};
```

和

```
int a[5];
a[0] = 1; a[1] = 2; a[2] = 3; a[3] = 4; a[4] = 5;
```

是等效的。

2.2.5 字符串

字符串的定义方式有两种：一种是以字符型数组方式定义，另一种是使用 String 类型定义。

1. Char 字符串名称[字符个数]

使用字符型数组的方式定义，使用方法和数组一致，有多少个字符便占用多少个字节的存储空间。

大多数情况下，我们使用 String 类型来定义字符串，该类型中提供一些操作字符串的成员函数，使得字符串使用起来更为灵活。

2. String 字符串名称

如

```
String abc;
```

即可定义一个名为 abc 的字符串。可以在定义时为其赋值,或在定义后为其赋值,如

```
String abc;
abc = "Genuino 101";
```

和

```
String abc = "Genuino 101";
```

是等效的。

相较于数组形式的定义方法,使用 String 类型定义字符串会占用更多的存储空间。

2.2.6　注释

"/ * "与" * /"之间的内容,及"//"之后的内容均为程序注释,使用它可以更好地管理代码。注释不会被编译到程序中,不影响程序的运行。

为程序添加注释的方法有两种:

1)单行注释

```
//注释内容
```

2)多行注释

```
/ *
注释内容 1
注释内容 2
…
 * /
```

2.2.7　用流程图来表示程序

流程图是用一些图框来表示各种操作。用流程图表示算法,直观形象,易于理解。特别是对于初学者来说,使用流程图能更好地理清思路,从而顺利编写出相应的程序。ANSI 规定了一些常用的流程图符号,如图 2-1 所示。

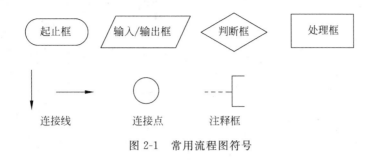

图 2-1 常用流程图符号

2.2.8 顺序结构

顺序结构是三种基本结构之一,也是最基本、最简单的程序组织结构。在顺序结构中程序按语句先后顺序依次执行。一个程序或者一个函数,整体上是一个顺序结构,它是由一系列的语句或者控制结构组成,这些语句与结构都按先后顺序运行。

如图 2-2 所示,虚线框内是一个顺序结构,其中 A、B 两个框是顺序执行的。即在执行完 A 框中的操作后,接着会执行 B 框中的操作。

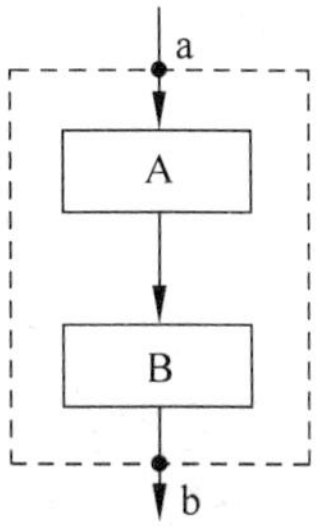

2.2.9 选择结构

图 2-2 顺序结构

选择结构又称选取结构或分支结构。在编程中,经常需要根据当前数据做出判断,决定下一步的操作。例如,Arduino 可以通过温度传感器检测出环境温度,在程序中对温度做出判断,如果温度过高,就发出警报信号,这时便会用到选择结构。

如图 2-3 所示,虚线框中是一个选择结构。该结构中包含一个判断框。根据判断框中的条件 p 是否成立,而选择执行 A 框或者 B 框。执行完 A 框或者 B 框操作后,都会经过 b 点,脱离该选择结构。

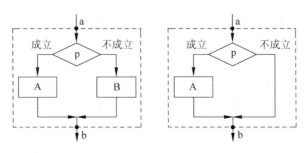

图 2-3 选择结构

1. if 语句

if 语句是最常用的选择结构实现方式,当给定表达式为真时,就会运行其后的语句,其有三种结构。

1）简单分支结构

```
if(表达式)
{
语句;
}
```

2）双分支结构

双分支结构增加了一个 else 语句,当给定表达式结果为假时,便运行 else 后的语句。

```
if(表达式)
{
    语句 1;
}
else
{
    语句 2;
}
```

3）多分支结构

使用多个 if 语句,可以形成多分支结构,用以判断多种不同的情况。

```
if(表达式 1)
{
    语句 1;
}
else if(表达式 2)
{
    语句 2;
}
else if(表达式 3)
{
    语句 3;
}
else if(表达式 4)
{
```

```
        语句 4；
    }
    …
```

2. switch…case

处理比较复杂的问题,可能会存在有很多选择分支的情况,如果还使用 if…else 的结构编写程序,会使程序显得冗长,且可读性差。

此时可以使用 switch,其一般形式为

```
switch(表达式)
{
    case 常量表达式 1：
    语句 1
        break；
    case 常量表达式 2：
    语句 2
        break；
    case 常量表达式 3：
    语句 3
        break；
    …
    default ：
    语句 n
        break；
}
```

需要注意的是,switch 后的表达式结果只能是整型或字符型。如果要使用其他类型,则必须使用 if 语句。

switch 结构会将 switch 语句后的表达式与 case 后的常量表达式比较,如果符合就运行常量表达式所对应的语句;如果都不相符,则会运行 default 后的语句,如果不存在 default 部分,程序将直接退出 switch 结构。

在进入 case 判断,并执行完相应程序后,一般要使用 break 退出 switch 结构。如果没有使用 break 语句,程序则会一直执行到有 break 的位置退出或运行完该 switch 结构退出。

switch…case 结构在流程图中,表示方法如图 2-4 所示。

2.2.10　循环结构

循环结构又称重复结构,即反复执行某一部分的操作。有两类循环结构:当型(while)

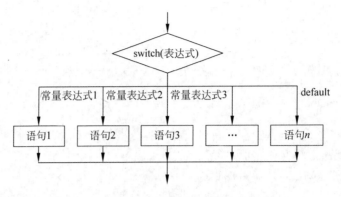

图 2-4　switch…case 结构

循环和直到型(until)循环。

如图 2-5 所示,当型循环结构会先判断给定条件,当给定条件 p1 不成立时,即从 b 点退出该结构,当 p1 成立时,执行 A 框,执行完 A 框操作后,再次判断条件 p1 是否成立,如此反复;直到型循环结构会先执行 A 框,然后判断给定的条件 p2 是否成立,成立即从 b 点退出循环,不成立则返回该结构起始位置 a 点,重新执行 A 框,如此反复。

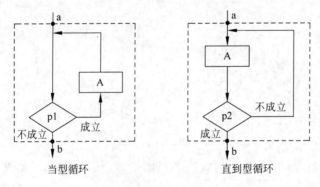

图 2-5　循环结构

1) 循环语句

(1) while 循环。

while 循环是一种当型循环。当满足一定条件后,才会执行循环体中的语句,其一般形式为

```
while(表达式)
{
    语句;
}
```

在某些 Arduino 应用中,可能需要建立一个死循环(无限循环)。当 while 后的表达式永远为真或者为 1 时,便是一个死循环。

```
while(1)
{
    语句;
}
```

(2) do…while 循环。

do…while 循环与 while 循环不同,是一种直到型循环,它会一直循环到给定条件不成立时为止。它会先执行一次 do 语句后的循环体,再判断是否进行下一次循环。

```
do
{
    语句;
}
while(表达式);
```

(3) for 循环。

for 循环比 while 循环更灵活,且应用广泛,它不仅适用于循环次数确定的情况,也适用于循环次数不确定的情况。while 循环和 do…while 循环都可以替换为 for 循环。

一般形式为

```
for(表达式 1;表达式 2;表达式 3)
{
    语句;
}
```

一般情况下,表达式 1 为 for 循环初始化语句,表达式 2 为判断语句,表达式 3 为增量语句。如

```
for (i = 0; i < 5; i++) { }
```

表示初始值 i 为 0,当 i 小于 5 时运行循环体中的语句,每循环完一次,i 自加 1,因此这个循环会循环 5 次,for 循环流程图表示图 2-6 所示。

2) 循环控制语句

在循环结构中,都有一个表达式用于判断是否进入循环。通常情况下,当该表达式结果为 false(假)时,会结束循环。有时

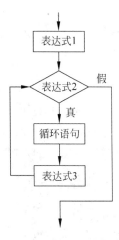

图 2-6 for 循环流程图

候需要提前结束循环,或是已经达到了一定条件,可以跳过本次循环余下的语句,那么就可以使用循环控制语句 break 和 continue。

(1) break。

break 语句只能用于 switch 多分支选择结构和循环结构中,使用它可以终止当前的选择结构或者循环结构,使程序转到后续的语句运行。break 一般会搭配 if 语句使用。

一般形式为

```
if(表达式)
{
    break;
}
```

(2) continue。

continue 语句用于跳过本次循环中剩下的语句,并判断是否开始下一次循环。同样,continue 一般搭配 if 语句使用。

一般形式为

```
if(表达式)
{
    continue;
}
```

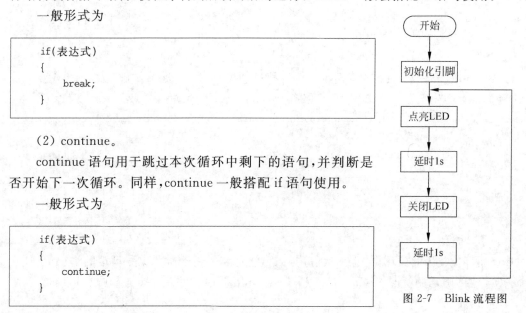

图 2-7　Blink 流程图

在编写程序前,可以先画出流程图,帮助理清思路。在第 1 章中看到的例程 Blink,用流程图可表示为图 2-7 的形式。

2.3　电子元件和扩展模块

在学习 Arduino 的过程中,会使用到许多电子元件及模块。通过搭配不同的元件和模块即可制作出自己的 Arduino 作品。

这里对常见的元件和模块进行简单的介绍。需要注意的是,同样的元件、模块,可能会有不同的型号、不同的封装形式(即不同的外观),但一般情况下原理和使用方法都是相同的。

1. 面包板

面包板(图 2-8)是专为各种电子实验所设计的工具。可以根据自己的想法在上面搭建各种电路。众多电子元器件都可根据需要,随意插入或拔出,免去了焊接,节省了电路的组装时间。同时,免焊接使得元件都可以重复使用,避免了浪费和多次购买元件。

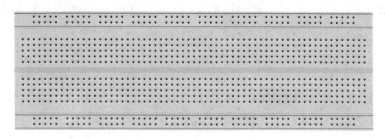

图 2-8 面包板

面包板的内部结构见图 2-9。两边的插孔中,数个横向插孔连通,纵向插孔不连通;中间的插孔中,纵向的 5 个插口相互连通,横向的都不连通。

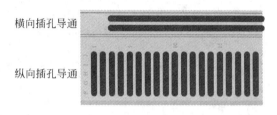

图 2-9 面包板内部结构

2. 电阻

电阻(图 2-10)即是对电流起阻碍作用的元件。

电阻在电路中使用极其广泛,用法也很多。另外,还有很多特殊的电阻,在后面的实验中将给大家介绍。

3. 电容

电容(图 2-11)顾名思义,即装电的容器。

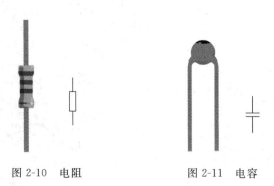

图 2-10 电阻   图 2-11 电容

除电阻以外,最常见的元件应该就是电容了。电容也有很多作用,如去耦、滤波、储能等。

4. 二极管

二极管(图 2-12)在电路中使用广泛,作用众多,如整流、稳压、电路保护等。

5. 发光二极管

发光二极管(LED,图 2-13)即可以发光的二极管。

它有正负两极,短脚为负极、长脚为正极,广泛应用于信号指示、照明等领域。

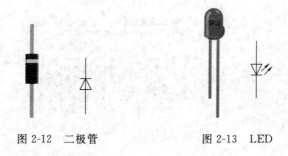

图 2-12　二极管　　　　　　　　图 2-13　LED

6. 三极管

它三极管(图 2-14)即能起放大、开关等作用的元件。

它有发射极(emitter,E)、基极(base,B)和集电极(collector,C)三级,有 PNP 和 NPN 两种类型的三极管。

通过使用面包板和众多电子元件,可以搭建出各种电路,见图 2-15。

图 2-14　三极管　　　　　　　图 2-15　在面包板上做实验

2.4　Arduino 扩展板的使用

　　Arduino 扩展板具有和 Genuino 101 一样的引脚位置，可以堆叠接插到 Genuino 101 上，进而实现特定功能。

　　在面包板上接插元件固然方便，但需要有一定的电子知识来搭建各种电路。而使用扩展板可以一定程度地简化电路搭建过程，更快速的搭建出项目。

　　如使用传感器扩展板，只需要通过连接线，把各种模块接插到扩展板上即可；又如使用网络扩展板，可以立即让 Genuino 101 获得网络通信功能。

　　传感器扩展板是最常用的 Arduino 外围硬件之一，图 2-16 是一种传感器扩展板。

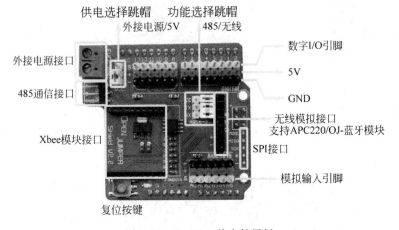

图 2-16　Arduino 兼容扩展板

　　通过扩展板转换，各个引脚的排座变为更方便接插的排针。数字引脚和模拟输入引脚边有红黑两排排针，以＋、－号标示。＋表示 Vcc，－表示 GND。在一些厂家的扩展板上，Vcc 和 GND 可能也会以 V、G 标示。

　　通常习惯用红色代表电源（Vcc），黑色代表地（GND），其他颜色代表信号（signal）。传感器与扩展板间的连接线也是这样。

　　如图 2-17 所示，在使用其他模块时，只需要对应颜色，将模块插到相应的引脚，便可使用了。

　　扩展板（图 2-18）中的 L298 电机驱动芯片，可以驱动两路直流电机，常用于制作 Arduino 小车。

　　网络扩展板（图 2-19）基于 Wiznet W5100 设计，使用它可让 Genuino 101 接入网络，访问互联网上的数据，或与远程服务器通信。

　　原型扩展板（图 2-20），可以在其上焊接搭建电路，实现需要的特定功能。

图 2-17　使用 Arduino 外围模块

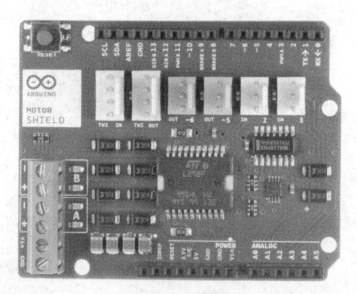

图 2-18　扩展板

图 2-19 网络扩展板

图 2-20 原型扩展板

2.5 数字 I/O 的使用

Genuino 101 上每一个带有数字编号的引脚,都是数字引脚,包括写有 A 编号的模拟输入引脚,见图 2-21。使用这些引脚,可以完成输入/输出数字信号的功能。

2.5.1 数字信号

数字信号是以 0、1 表示的电平不连续变化的信号,也就是以二进制的形式表示的信号。在 Arduino 中数字信号通过高低电平来表示,高电平则为数字信号 1,低电平则为数字信号 0(图 2-22)。

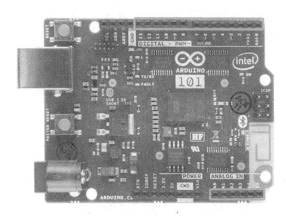

图 2-21 可以进行数字输入/输出的引脚

图 2-22 数字信号

在使用输入或输出功能前,需要先通过 pinMode()函数配置引脚的模式为输入模式或输出模式。

```
pinMode(pin, mode);
```

参数 pin 为指定配置的引脚编号;参数 mode 为指定的配置模式。

可使用的三种模式,如表 2-3 所示。

表 2-3　Arduino 引脚可配置状态

配　　置	模　　式
INPUT	输入模式
OUTPUT	输出模式
INPUT_PULLUP	输入上拉模式

如之前我们在 Blink 程序中使用到的 pinMode(13, OUTPUT),即是把 13 号引脚配置为输出模式。

配置成输出模式后,还需要使用 digitalWrite()让其输出高电平或者是低电平。其调用形式为

```
digitalWrite(pin, value);
```

参数 pin 为指定输出的引脚编号;参数 value 为要指定输出的电平,使用 HIGH 指定输出高电平,或是使用 LOW 指定输出低电平。

Arduino 中输出的低电平为 0V,输出的高电平为当前 Arduino 的工作电压。例如 ArduinoUNO 的工作电压为 5V,其高电平输出也是 5V;Genuino 101 工作电压为 3.3V,所以高电平输出也就是 3.3V。

数字引脚除了用于输出信号外,还可以用 digitalRead()函数读取外部输入的数字信号,其调用形式为

```
int value = digitalRead(pin);
```

参数 pin 为指定读取状态的引脚编号;返回值 value 为获取到的信号状态,1 为高电平,0 为低电平。

Genuino 101 会将大于 1.5V 的输入电压视为高电平识别,小于 1.3V 的电压视为低电平识别。所以,即使输入电压不太准确,Genuino 101 也可以正常识别。需要注意的是,超过 5V 的输入电压可能会损坏 Genuino 101。

在 Arduino 核心库中,OUTPUT 被定义等于 1,INPUT 被定义等于 0,HIGH 被定义

等于 1,LOW 被定义等于 0。因此这里也可以用数字替代这些定义。如：

```
pinMode(13,1);
digitalWrite(13,1)
```

此处仅作说明,并不推荐这样写代码,因为这样会降低程序的可读性。

再回到最初的 Blink 程序,在 Arduino IDE 菜单"文件→示例→01.Basics→Blink"找到它。程序如下：

```
/*
  Blink
等待 1s,点亮 LED,再等待 1s,熄灭 LED,如此循环
*/

//在大多数 Arduino 控制板上 13 号引脚都连接了一个标有 L 的 LED 灯
//给 13 号引脚连接的设备设置一个别名 led
int led = 13;

//在板子启动或者复位重启后,setup 部分的程序只会运行一次
void setup(){
  //将 led 引脚设置为输出状态
  pinMode(led, OUTPUT);
}

//setup 部分程序运行完后,loop 部分的程序会不断重复运行
void loop()
{
  digitalWrite(led, HIGH);           //点亮 LED
  delay(1000);                       //等待 1s
  digitalWrite(led, LOW);            //通过将引脚电平拉低,关闭 LED
  delay(1000);                       //等待 1s
}
```

在 Blink 中,通过新建变量的方法：

```
int led = 13;
```

为 13 脚连接的设备设置了一个变量名 led,在此后的程序中,使用 led 则可代表对应编号的引脚(或者是该引脚上连接的设备)。这种写法可以提高程序的可读性,并且方便修改,如设备需要更换连接引脚,直接修改该变量对应的数值即可。

也可以使用如下语句：

```
#define LED 13
```

以宏定义的方式,来为设备设置一个名称。

　　delay()为毫秒延时函数,delay(1000)即延时 1s(1 000ms),在本程序中用来控制,开关 LED 的间隔时间。你可以自行修改其中的参数,观察实际运行效果。

　　Blink 是最简单的 Arduino 程序,在此基础上,还可以制作控制多个 LED 逐个点亮然后逐个熄灭的流水灯效果。

2.5.2　流水灯实验

1. 所需材料

Genuino 101、面包板、LED 六个、220Ω 电阻六个。

2. 连接示意图

　　图 2-23 为本实验的连接示意图,在各 LED 正极和 Genuino 101 引脚之间,串联了一个限流电阻,并将 LED 负极和 Arduino 的 GND 相连。

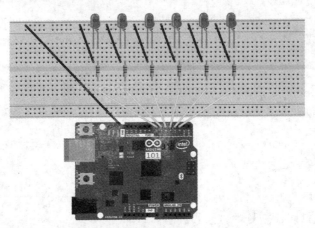

图 2-23　流水灯实验连接示意图

　　本书中大多示意图都是使用 Fritzing 制作,可以在以下网址下载该软件:http://fritzing.org/download/。

3. 原理图

流水灯实验原理图见图 2-24。

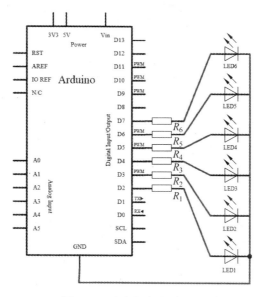

图 2-24　流水灯实验原理图

4. 示例程序

示例程序代码如下：

```
/*
Genuino 101 制作流水灯
http://www.arduino.cn/
*/

void setup()
{
  //初始化 I/O 口
  for(int i = 2;i < 8;i++)
    pinMode(i,OUTPUT);
}

void loop()
{
  //从引脚 2～6,逐个点亮 LED,等待 1s 再熄灭 LED
  for(int i = 2;i < 7;i++)
  {
    digitalWrite(i,HIGH);
```

```
    delay(1000);
    digitalWrite(i,LOW);
  }
//从引脚7~3,逐个点亮LED,等待1s再熄灭LED
for( int i = 7;i > 2;i-- )
{
  digitalWrite(i,HIGH);
  delay(1000);
  digitalWrite(i,LOW);
  }
}
```

运行代码即可看到流水灯效果,还可以通过修改程序中引脚的输出顺序来尝试更多不同的点亮LED的方式。

在实验中使用了Arduino的数字输出功能控制了LED,通电后,LED就会按设定的程序亮灭。接下来将使用数字输入功能,把LED的亮灭变成人为可控制的。

2.5.3 按键控制LED实验

下面结合数字输入/输出功能,制作一个可控制的LED。实现按住按键时,点亮LED,放开按键后,熄灭LED的效果。

实验中将用到按键或者按键模块,常见的有2脚按键和4脚按键,其示意图如图2-25所示。当按下按键时,就会接通按键两端,放开时,两端会再次断开。

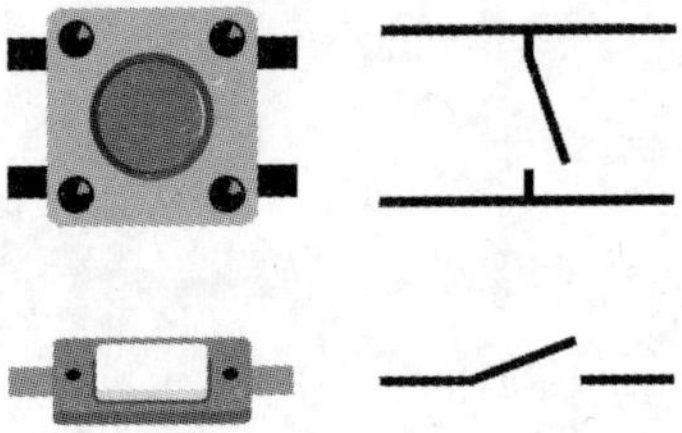

1. 所需材料

Genuino 101、面包板、LED一个、按键一个、220Ω电阻一个、10kΩ电阻一个。

图 2-25　按键

2. 连接示意图

按键控制LED实验的连接示意图如图2-26所示。

3. 原理图

按键控制LED实验原理图如图2-27所示。

如图2-26和图2-27所示,我们使用了两个电阻。LED的一端,我们使用了220Ω的电阻,按键一端,我们使用了 $10k\Omega$ 的电阻,两个电阻的作用分别如下。

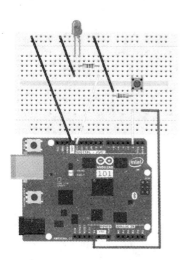

图 2-26　按键控制 LED 实验连接示意图

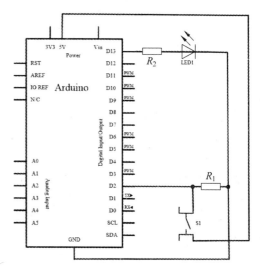

图 2-27　按键控制 LED 实验原理图

限流电阻

　　一般 LED 最大能承受的电流为 25mA,如若直接将 LED 连接到电路中,当其点亮时,如果电流过大,很容易烧毁。如图 2-27 所示,在 LED 一端串联了一个电阻 R_2,这样做可以控制流过 LED 的电流,防止损坏 LED。这个电阻我们称之为限流电阻。

下拉电阻

　　在 Genuino 101 的 2 号引脚到 GND 之前,连接了一个阻值 $10k\Omega$ 的电阻。如果没有该电阻,当未按下按键时,2 号引脚会一直处于悬空状态,此时使用 digitalRead() 读取 2 号引脚状态,会得到一个不稳定的值(可能是高,也可能是低)。添加这个 R_1 电阻到地就是为了稳定引脚的电平,当引脚悬空时,就会识别为低电平。而这种将某节点通过电阻接地的做法,叫做下拉,这个电阻叫做下拉电阻。

　　当未按下按键时,2 号引脚检测到的输入电压为低电平;当按下按键时,会导通 2 号引脚和 Vcc,此时 2 号引脚检测到的输入电压为高电平。通过判断按键是否被按下,来控制 LED 的亮灭。

4. 示例程序

　　可以在 Arduino IDE 菜单"文件→示例→02.Digital→Button"中找到以下程序:

```
/*
  Button

通过 2 号引脚连接的按键, 控制 13 号引脚连接的 LED

备注: 大多数 Arduino 的 13 号引脚上都连接了名为 L 的 LED
created 2005
by DojoDave < http://www.0j0.org >
modified 30 Aug 2011
by Tom Igoe

This example code is in the public domain.

http://www.arduino.cc/en/Tutorial/Button
*/
//设置各引脚别名
const int buttonPin = 2;          //连接按键的引脚
const int ledPin = 13;            //连接 LED 的引脚

//变量定义
int buttonState = 0;              //存储按键状态的变量

void setup() {
    //初始化 LED 引脚为输出状态
    pinMode(ledPin, OUTPUT);
    //初始化按键引脚为输入状态
    pinMode(buttonPin, INPUT);
}

void loop(){
    //读取按键状态并存储在变量中
    buttonState = digitalRead(buttonPin);

    //检查按键是否被按下
    //如果按键按下, 则 buttonState 应该为高电平
    if (buttonState == HIGH) {
        //点亮 LED
        digitalWrite(ledPin, HIGH);
    }
    else {
        //熄灭 LED
        digitalWrite(ledPin, LOW);
    }
}
```

编译并上传该程序后,按下按键会观察到 LED 会被点亮,松开按键,LED 又会熄灭。
对于以上项目,还可以做如下的修改。

1. 连接示意图

如图 2-28 所示,去掉了图 2-26 电路中 2 号引脚连接的下拉电阻,并将按键的一端连接
到 GND。

2. 原理图

对应原理图见图 2-29。同时,需要将原程序 setup()部分中的

```
pinMode(buttonPin,INPUT);
```

修改为

```
pinMode(buttonPin,INPUT_PULLUP);
```

就可以使能该引脚上的内部上拉电阻,等效于在该引脚到 Vcc 之间连接一个外部上拉
电阻。

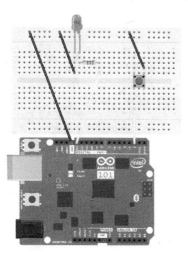

图 2-28　按键控制 LED 实验 2 连接示意图

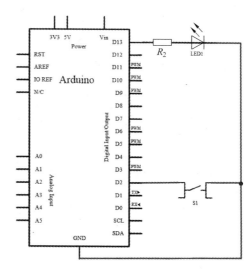

图 2-29　按键控制 LED 实验 2 原理图

上拉电阻

同下拉电阻一样,可以稳定 I/O 口电平,不同的是电阻连接到 Vcc,将引脚稳定在高
电位。

这里使用的是内部上拉电阻,也可以使用外部上拉电阻替代。稳定悬空引脚的电平所用电阻应该选择合适的阻值,例如 $10\mathrm{k}\Omega$。

3. 示例程序

修改后的程序代码如下:

```
/*
按键控制 LED - 1
http://www.arduino.cn/
*/

int buttonPin = 2;
int ledPin = 13;
int buttonState = 0;

void setup()
{
  //初始化 I/O 口
  pinMode(buttonPin,INPUT_PULLUP);
  pinMode(ledPin,OUTPUT);
}

void loop()
{
  buttonState = digitalRead(buttonPin);
  //按住按键时,点亮 LED;放开按键后,熄灭 LED
  if(buttonState == HIGH)
  {
    digitalWrite(ledPin,LOW);
  }
  else
  {
    digitalWrite(ledPin,HIGH);
  }
}
```

接下来对控制程序做一个升级,完成一个新的控制效果。按一下按键,点亮 LED;再按一下按键,熄灭 LED。

程序代码如下:

```
/*
按键控制 LED - 2
http://www.arduino.cn/
*/

int buttonPin = 2;
int ledPin = 13;
boolean ledState = false;          //记录 LED 状态
boolean buttonState = true;        //记录按键状态

void setup()
{
//初始化 I/O 口
  pinMode(buttonPin, INPUT_PULLUP);
  pinMode(ledPin,OUTPUT);
}

void loop()
{
//等待按键按下
while(digitalRead(buttonPin) == HIGH){}

  //当按键按下时,点亮或熄灭 LED
  if(ledState == true)
  {
    digitalWrite(ledPin,LOW);
    ledState = ! ledState;
  }
  else
  {
    digitalWrite(ledPin,HIGH);
    ledState = ! ledState;
  }
  delay(500);
}
```

编译并上传该程序后,每按一下按键,LED 状态都会改变。下面这条语句中

```
while(digitalRead(buttonPin) = = HIGH){}
```

因为在初始化时已经将 buttonPin 引脚设为了输入上拉状态。如果没有按下按键,使用
digitalRead(buttonPin)读出的值始终为高电平,这个循环也将一直运行;当按下按键后,
digitalRead(buttonPin)读出了低电平,while 循环的判断条件为假,程序会退出这个循环,

并开始运行此后的语句。这样我们就实现了一个等待用户按下按键的效果。

　　程序末尾有一个 delay(500)的延时，它在这里是极其重要的，可以尝试删去这个延时操作，再上传程序到 Arduino。我们会发现按键经常出现控制失灵的情况。这是因为程序运行得非常快，没有了延时操作，按下按键到放开按键的间隔时间虽然极短，但 loop 中的语句可能已经运行了很多次，很难确定放开按键时正在运行的 loop()循环是点亮还是熄灭 LED。正是这样的原因，程序变得不那么好用了。

　　上面程序中使用延时操作来使两次按键间产生一定的间隔时间，在间隔时间内 Arduino 会忽略按键按下情况，从而达到区分两次按键的目的。

2.6　模拟 I/O 的使用

　　如图 2-30 所示，在 Arduino 控制器中，编号前带有 A 的引脚是模拟输入引脚。Arduino 可以读取这些引脚上输入的模拟值，即读取引脚上输入的电压大小。

2.6.1　模拟信号

　　生活中，接触到的大多数信号都是模拟信号，如声音、温度的变化等。如图 2-31 所示，模拟信号是用连续变化的物理量表示的信息，信号随时间作连续变化。在 Genuino 101 上，可以接收 0～3.3V 的模拟信号。

图 2-30　Genuino 模拟输入引脚

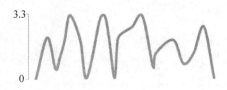

图 2-31　模拟信号

　　模拟输入引脚是带有模/数转换器（Analog-to-Digital Converter，ADC）功能的引脚。它可以将外部输入的模拟信号转换为芯片运算时可以识别的数字信号，从而实现读入模拟值的功能。

Genuino 101 模拟输入功能有 10 位精度,即可以将 0~3.3V 的电压信号转换为 0~1 023 的整数形式表示。

模拟输入功能需要使用 analogRead()函数:

```
int value = analogRead(pin)
```

参数 pin 是指定要读取模拟值的引脚,被指定的引脚必须是模拟输入引脚。如 analogRead(A0),即是读取 A0 引脚上的模拟值。

与模拟输入功能对应的是模拟输出功能,使用 analogWrite()函数实现这个功能。但该函数并不是输出真正意义上的模拟值,而是以一种特殊的方式来达到输出近似模拟值的效果,这种方式叫做脉冲宽度调制(PWM,Pulse Width Modulation)。

在 Genuino 101 中,提供 PWM 功能的引脚为 3、5、6、9,见图 2-32。

当使用 analogWrite()函数时,指定引脚会通过高低电平的不断转换输出一个周期固定的方波,通过改变高低电平在每个周期中所占的比例(占空比),而得到不同的输出电压的效果,见图 2-33。

图 2-32 Genuino 101 PWM 输出引脚

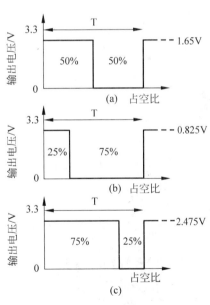

图 2-33 PWM 输出

需要注意的是,这里仅仅是得到了近似模拟值输出的效果,如果要输出真正的模拟值,还需要加上外围滤波电路。

```
analogWrite(pin,value)
```

参数 pin 是指定要输出 PWM 波的引脚,参数 value 指定的是 PWM 的脉冲宽度,范围为 0～255。

　　在 analogWrite()和 analogRead()函数内部已经完成了引脚的初始化,因此不用在 setup()函数中进行初始化操作。

2.6.2　呼吸灯实验

　　前面的章节已经介绍了多种方法控制 LED,但只是开关 LED 未免显得太过单调了,还可以尝试用 analogWrite()函数输出 PWM 波来制作一个带呼吸效果的 LED 灯。

1. 实验所需材料

Genuino 101、面包板、LED 一个、220Ω 电阻一个。

2. 连接示意图

呼吸灯实验的连接示意图如图 2-34 所示。

3. 原理图

呼吸灯实验的原理图如图 2-35 所示。

图 2-34　呼吸灯实验连接示意图

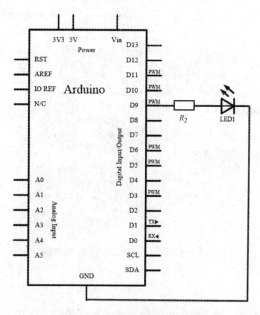

图 2-35　呼吸灯实验原理图

如图 2-34 和 2-35 所示,实验中将 LED 连接到了带 PWM 功能的 D9 引脚。

可以在 Arduino IDE 菜单"文件→示例→03. Analog→Fading"打开呼吸灯示例程序,程序如下:

```
/*
Fading
通过 analogWrite() 函数实现呼吸灯效果
*/

int ledPin = 9;                        //LED 连接在 9 号引脚上

void setup() {
  //Setup 部分不进行任何处理
}

void loop() {
  //从暗到亮,以每次加 5 的形式逐渐亮起来
  for(int fadeValue = 0 ; fadeValue <= 255; fadeValue += 5) {
    //输出 PWM
    analogWrite(ledPin, fadeValue);
    //等待 30ms,以便观察到渐变效果
    delay(30);
  }

  //从亮到暗,以每次减 5 的形式逐渐暗下来
  for(int fadeValue = 255 ; fadeValue >= 0; fadeValue -= 5) {
    //输出 PWM
    analogWrite(ledPin, fadeValue);
    //等待 30ms,以便观察到渐变效果
    delay(30);
  }
}
```

上传程序到 Genuino 101 后,可以观察到 LED 亮灭交换渐变,好似呼吸一般的效果。

以上程序中,通过 for 循环,逐渐改变 LED 的亮度,达到呼吸的效果。在两个 for 循环中都有 delay(30)的延时语句,这是为了让肉眼能观察到亮度调节的效果。如果没有这个语句,整个变化效果将一闪而过。

在编程开发中,可以用多种不同的程序写法实现近似的效果。这里再提供一种呼吸灯程序的写法,供大家研究学习。

```
/*
另一种呼吸灯写法
*/

int led = 9;                  //LED 灯连接在 9 号引脚
int brightness = 0;           //LED 灯亮度
int fadeAmount = 5;           //亮度渐变值

void setup() {
  pinMode(led, OUTPUT);
}

void loop() {
  analogWrite(led, brightness);
  brightness = brightness + fadeAmount;
  if (brightness == 0 || brightness == 255) {
    fadeAmount = - fadeAmount ;
  }
  delay(30);
}
```

现在我们要对呼吸灯实验做一个升级，使用电位器控制呼吸灯的呼吸频率。

电位器是一个可调电阻，其原理图如图 2-36 所示。通过旋转旋钮改变 2 号脚位置，从而改变 2 号脚到两端的阻值。

实验中需要将电位器 1、3 脚分别接到 GND 和 3.3V，再通过模拟输入引脚读取电位器 2 号脚输出的电压，根据旋转电位器的情况，2 号脚的电压会在 0~3.3V 范围内变化。

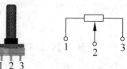

图 2-36　电位器

1. 实验所需材料

Genuino 101、面包板、LED 一个、220Ω 电阻一个、10kΩ 电位器一个。

2. 连接示意图

调节呼吸灯频率实验的连接示意图如图 2-37 所示。

3. 原理图

调节呼吸灯频率实验的原理图如图 2-38 所示。

如图 2-37 和图 2-38 所示，Arduino 通过模拟输入口 A0 读入经过电位器分压的电压，程序通过判断电压的大小，来调节 LED 的闪烁频率。

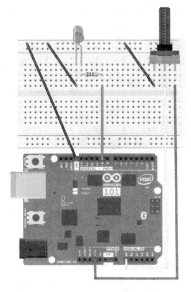

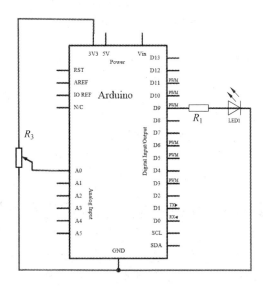

图2-37　调节呼吸灯频率实验连接示意图　　图 2-38　调节呼吸灯频率实验原理图

　　呼吸频率修改,即是修改每次亮度改变后的延时长短。因此,将原来的延时函数中固定的参数替换为变量 time,通过 time 的变化,来调节 LED 呼吸频率的变化。

　　实现程序代码如下:

```
int ledPin = 9;                  //9 号引脚控制 LED
int pot = A0;                    //A0 引脚读取电位器输出电压
void setup(){}

void loop(){
  //LED 逐渐变亮
  for( int fadeValue = 0 ; fadeValue <= 255; fadeValue += 5)
  {
    analogWrite(ledPin, fadeValue);
    //读取电位器输出电压,除以 5 时为了缩短延时时间
    int time = analogRead(pot)/5;
    delay(time);                 //将 time 用于延时
  }
  //LED 逐渐变暗
  for( int fadeValue = 255 ; fadeValue >= 0; fadeValue -= 5)
  {
    analogWrite(ledPin, fadeValue);
    delay(analogRead(pot)/5);    //读取电位器输出电压,并用于延时
  }
}
```

上传该程序后,便可以通过电位器来调节呼吸灯的呼吸频率了。

需要注意的是,程序中的语句

```
delay(analogRead(pot)/5);
```

等效于语句

```
int time = analogRead(pot)/5;
delay(time);
```

2.6.3　光敏电阻检测环境光实验

一些简单的电子元件就可以作传感器使用,例如这里要用到的光敏电阻。光敏电阻(图 2-39)是一种电阻值随照射光强度增加而下降的电阻。光敏电阻的使用方法很简单,将其作为一个电阻接入电路中,然后使用 analogRead()读取电压即可。这里将光敏电阻和一个普通电阻串联(图 2-40),根据串联分压的方法来读取到光敏电阻上的电压。

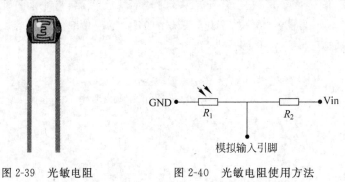

图 2-39　光敏电阻　　　　　图 2-40　光敏电阻使用方法

1. 实验所需材料

Genuino 101、面包板、光敏电阻、1kΩ 电阻 1 个。

2。连接示意图

光敏电阻实验的连接示意图如图 2-41 所示。

3. 原理图

光敏电阻实验的原理图如图 2-42 所示。

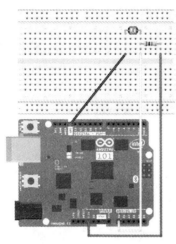

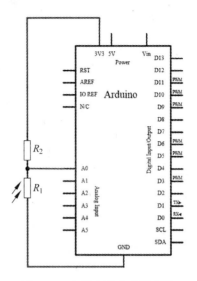

图 2-41　光敏电阻实验连接示意图　　　　图 2-42　光敏电阻实验原理图

如图 2-41 和图 2-42 所示,通过模拟输入口 A0 读取分压后得到的电压。完整实现代码如下:

```
/*
光敏电阻检测环境光
http://www.arduino.cn/
*/

void setup()
{
  //初始化串口
  Serial.begin(9600);
}
void loop()
{
//读出当前光线强度,并输出到串口显示
  int sensorValue = analogRead(A0);
  Serial.println(sensorValue);
  delay(1000);
}
```

运行以上程序,打开串口监视器,能看到如图 2-43 所示的输出信息,Arduino 通过串口输出了当前从光敏电路读到的模拟值。

程序中使用到了 Serial. begin( )、Serial. println( )语句,它们的作用分别是初始化串口

图 2-43　Arduino 输出读到的模拟值

及串口输出数据。

如果需要知道当前环境下光敏电阻的阻值,可以使用以下公式计算:

$$读出电压 = \frac{R_1}{R_1 + R_2} \times 3.3V$$

由于电源波动或外界干扰等原因,输出的数据可能也会受到一定的影响,例如波动较大等现象,这时可以通过读取多次传感器数值求平均数的方法减小数据的波动。

2.7　数字传感器与模拟传感器的使用

常见的传感器根据其输出的信号,可以分为数字传感器和模拟传感器。这些传感器的使用都大同小异,只需知道它是输出数字值还是模拟值,然后对应使用 digitalRead()或者 analogRead()函数读取即可。

下面列举几个常见的数字传感器和模拟传感器。

1. 五向倾斜模块

五向倾斜模块(图 2-44)内部由一个金属球和四个触点组成,可以检测倾斜方向。相较于陀螺仪,它的成本更低,更简单易用,可以检测四个倾斜方向和水平位置,共五种状态,可以满足很多互动场合的要求。

2. 触摸模块

触摸模块(图 2-45)通过电容触摸感应原理检测人体接触的模块,有人触摸时输出高电平,无触摸时输出低电平。

图 2-44　五向倾斜模块　　　　　　　　图 2-45　触摸模块

3. 模拟声音传感器

模拟声音传感器(图 2-46)可以检测周围环境声音大小,Arduino 可以通过模拟输入接口对其输出信号进行采集。可以使用它制作声控开关等有趣的互动作品。

4. MQx 系列气体传感器

MQx 系列气体传感器(图 2-47)所使用的气敏材料是在清洁空气中电导率较低的二氧化锡(SnO_2)。当传感器所处环境中存在可燃气体时,传感器的电导率随空气中可燃气体浓度的增加而增大。使用简单的电路即可将电导率的变化转换为与该气体浓度相对应的输出信号。

图 2-46　模拟声音传感器　　　　　　图 2-47　MQx 系列气体传感器

MQx 系列气体传感器有多种型号,被广泛应用于家庭和工厂的气体泄漏监测,常见的型号如下:

- MQ-2 检测气体：液化气、丙烷、氢气；
- MQ-3 检测气体：酒精；
- MQ-5 检测气体：丁烷、丙烷、甲烷。

2.8　与计算机交流——串口的使用

前面的示例中使用到了 Serial. begin()、Serial. print()等语句,这些语句就是在操作串口。Genuino 101 与计算机通信最常用的方式就是串口通信,之前示例程序中已经使用过多次。

使用 USB 线连接 Genuino 101 与计算机时,Genuino 101 会在计算机上虚拟出一个串口设备,此时两者之间便建立了串口连接。通过此连接,Genuino 101 即可与计算机互传数据。

使用串口与计算机通信,需要先使用 Serial. begin()初始化 Arduino 的串口通信功能:

```
Serial.begin(speed);
```

参数 speed 是指串口通信波特率,这是设定串口通信速率的参数。串口通信的双方必须使用同样的波特率方能正常进行通信。

波特率是一个衡量通信速度的参数。它表示每秒钟传送的位的个数。例如 9 600bps表示每秒发送 9 600b 的数据。通信双方需要使用一致的波特率才能正常通信。Arduino串口通信通常会使用以下波特率:

300bps、600bps、1 200bps、2 400bps、4 800bps、9 600bps、14 400bps、19 200bps、28 800bps、38 400bps、57 600bps、115 200bps

波特率越大说明串口通信的速率越快。

2.8.1　串口输出

串口初始化完成后,就可以使用 Serial. print()或 Serial. println()向计算机发送信息了。

```
Serial.print(val);
```

参数 val 是要输出的数据,各种类型的数据均可。

```
Serial.println(val);
```

Serial. println(val)语句也是使用串口输出数据,不同的是 println( )函数会在输出完指定数据后,再输出一组回车换行符。

下面的示例程序演示了使用串口输出数据到计算机:

```
int counter = 0;            //计数器

void setup() {
//初始化串口
  Serial.begin(9600);
}

void loop() {
  //每 loop 循环一次,计数器变量加 1
  counter = counter + 1;
  //输出变量
  Serial.print(counter);
  //输出字符
  Serial.print(':');
  //输出字符串;
  Serial.println("Hellow World");
  delay(1000);
}
```

上传该程序到 Genuino 101,然后可以通过 Arduino IDE 右上角的图标打开串口监视器就会看到如图 2-48 的信息。

图 2-48　串口输出信息

串口监视器是 Arduino IDE 自带的一个小工具,可以查看到串口传来的信息,也可以向连接的设备发送信息。需要注意的是,在串口监视器右下角,有一个波特率设置下拉框,波特率设置必须和烧入 Genuino 101 的程序中设置的一致,才能正常收发数据。

通过 Serial.print()语句将传感器获得的数据输出到计算机的方法,在前面的章节中已进行过演示。

2.8.2   串口输入

除了输出,串口同样可以接收由计算机输出的数据。接收串口数据需要使用 Serial.read()函数。

```
Serial.read();
```

调用该语句,每次都会返回一个字节的数据,这个返回值便是当前串口读取到的数据。上传以下程序到 Arduino:

```
void setup() {
  //初始化串口
  Serial.begin(9600);
}

void loop() {
  //读取输入的信息
  char ch = Serial.read();
  //输出信息
  Serial.print(ch);
  delay(1000);
}
```

上传成功后,运行串口监视器,在发送按钮左侧的文本框中输入要发送的信息,如 arduino,会看到 Arduino 在显示输入信息的同时,还显示了很多乱码(图 2-49)。

这些乱码是因为串口缓冲区中没有可读数据造成的。当缓冲区中没有可读数据时,read()函数会返回 int 型值-1,而 int 型-1 对应的 char 型数据便是该乱码。

在使用串口时,Genuino 101 会在 SRAM 中开辟一段大小为 256B 的空间,串口接收到的数据都会被暂时存放进这个空间中,这个存储空间称之为缓冲区。当调用 Serial.read()语句时,Arduino 便会从缓冲区取出 1B 的数据。

通常使用串口读取数据时需要搭配 Serial.available()语句使用:

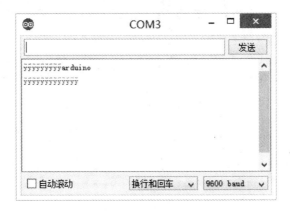

图 2-49　串口输入信息

```
Serial.available();
```

Serial.available()的返回值便是当前缓冲区中接收到的数据字节数。Serial.available()可以搭配 if 或者 while 使用,先检测缓冲区中是否有可读数据,如果有数据再读取,没有数据便跳过读取或等待读取。如:

```
if( Serial.available()>0 )
```

或

```
while( Serial.available()>0 )
```

示例程序代码如下:

```
void setup() {
  //初始化串口
  Serial.begin(9600);
}

void loop() {
//如果缓冲区中有数据,则读取并输出
if(Serial.available()>0)
  {
    char ch = Serial.read();
    Serial.print(ch);
  }
}
```

上传完成后,打开串口监视器,键入并发送任意信息。会看到 Arduino 输出了发送过去的信息,并且不会再出现乱码了(图 2-50)。

图 2-50 结合 available()的输入效果

需要注意的是,在串口监视器右下角有两个选项,一个是设置结束符,另一个是设置波特率。如果设置了结束符,则在最后发送完数据后,串口监视器会自动发送一组设定的结束符,如回车符和换行符。

当串口通信时,Arduino 控制器上的标有 RX、TX 的两个 LED 灯会闪烁提示,接收数据时,RX 灯会点亮,发送数据时,TX 灯会点亮。

此外,在涉及串口通信的 Genuino 101 例程程序中,还会经常看到如下特殊用法:

```
while (!Serial) {}
```

这是在等待串口监视器开启,开启串口监视器后,"!Serial"将为假,即会运行该 while 循环后的语句。

利用串口通信功能可以使用计算机来控制 Arduino 执行特定的操作。

2.8.3　串口开关 LED 实验

这个实验将完成简单的串口控制功能,使用计算机发送串口指令来实现开关 Arduino 上的 LED 灯。

程序中使用 Serial.Read()语句接收数据并判断,当接收到的数据为 a 时,点亮 LED 并输出提示;当为 b 时,关闭 LED 并输出提示。

示例程序代码如下:

```
/*
串口控制开关灯
www.arduino.cn
奈何 col
```

```
  */

void setup() {
  //初始化串口
  Serial.begin(9600);
  pinMode(13,OUTPUT);
}

void loop() {
  //如果缓冲区中有数据,则读取并输出
  if(Serial.available()>0)
  {
    char ch = Serial.read();
    Serial.print(ch);
    //开灯
    if(ch == 'a')
    {
      digitalWrite(13,HIGH);
      Serial.println("turn on");
    }
    //关灯
    else if(ch == 'b')
    {
      digitalWrite(13,LOW);
      Serial.println("turn off");
    }
  }
}
```

编译并上传程序,打开串口监视器,发送 a 或 b,便可控制 LED 灯的亮灭了。

2.9　时间函数

2.9.1　运行时间函数

使用运行时间函数 millis() 能获取 Arduino 通电后(或复位后)到现在的时间。

```
millis()
```

返回系统运行时间,单位为毫秒。返回值是 uint64_t 类型。

```
micros()
```

返回系统运行时间,单位为微秒。返回值是 uint64_t 类型。

在不同型号的 Arduino 上,运行时间函数的精度也不同,在 Genuino 101 上,精度为 $2\mu s$。

使用以下程序会将系统运行时间输出到串口,可以通过串口监视器观察到程序运行时间。

```
/ *
获取系统运行时间
http://www.arduino.cn/
 * /
unsigned long time1;
unsigned long time2;

void setup(){
  Serial.begin(9600);
}

void loop(){
  time1 = millis();
  time2 = micros();
  //输出系统运行时间
  Serial.print(time1);
  Serial.println("ms");
  Serial.print(time2);
  Serial.println("μs");
  //等待 1s 开始下一次 loop 循环
  delay(1000);
}
```

2.9.2 延时函数

在前面的 Blink 程序中通过使用延时函数使 LED 灯按一定频率闪烁。

Arduino 提供了毫秒级和微秒级两种延时函数。运行延时函数时,会等待指定的时间,再运行此后的程序。可以通过参数设定延时时间:

```
delay(uint32_t dwMs)
```

延时为毫秒级。参数数据类型为 uint32_t。

```
delayMicroseconds(uint32_t dwUs)
```

级延时为微秒。参数数据类型为 uint32_t。

Genuino 101 上的延时操作精度为 $\pm 0.5\mu s$。

2.9.3　RTC 函数

已经知道使用 Arduino 的运行时间函数 millis()、micros()可以获取到 Arduino 的运行时间,但很多场合需要记录年月日时分秒等日期信息,使用 Arduino 原有的时间函数会非常不便。解决该问题的普遍方法,就是外接一个即实时时钟(Real-Time Clock,RTC)芯片,Intel Curie 内置有 RTC,它能准确记录日期信息。

要使用 RTC 功能,需要先引用 CurieTime.h 头文件:

```
#include<CurieTime.h>
```

CurieTime 中设置时间就一个函数:

```
setTime(时,分,秒,日,月,年);
```

设置好时间后,可以通过以下 6 个函数获取时间信息:

```
year();
month();
day();
hour();
minute();
second();
```

例程程序如下:

```
/*
Curie RTC 例程
http://www.arduino.cn/
*/

#include<CurieTime.h>
```

```
void setup() {
  while (!Serial);
  Serial.begin(9600);

  //将时间设为2016年6月24日18点27分
setTime(18, 27, 00, 24, 6, 2016);
}

void loop() {
  Serial.print("Time now is: ");

  print2digits(hour());
  Serial.print(":");
  print2digits(minute());
  Serial.print(":");
  print2digits(second());

  Serial.print(" ");

  Serial.print(day());
  Serial.print("/");
  Serial.print(month());
  Serial.print("/");
  Serial.print(year());

  Serial.println();

  delay(1000);
}
//生成占位用的字符"0"
void print2digits(int number) {
  if (number >= 0 && number < 10) {
    Serial.print('0');
  }
  Serial.print(number);
}
```

编译并上传该程序，会看到如图 2-51 所示的信息。

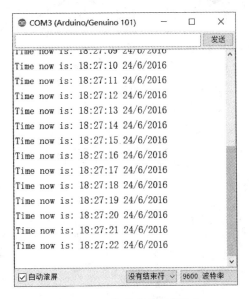

图 2-51 上传程序看到的信息

第 3 章

I/O的高级应用

掌握数字 I/O 和模拟 I/O 的基本操作方法后，就可以完成很多 Arduino 制作了。除此之外，Arduino 还提供了一些 I/O 口的高级操作。

3.1 调声函数

调声函数 tone() 主要用于 Arduino 连接蜂鸣器或扬声器发声，其实质是输出一个频率可调的方波，以此驱动蜂鸣器或扬声器振动发声。

tone()

可以让指定引脚产生一个占空比为 50% 的指定频率的方波。

语法

```
tone(pin, frequency)
tone(pin, frequency, duration)
```

参数

pin：需要输出方波的引脚。

frequency：输出的频率，unsigned int 型。

duration：方波持续的时间，单位为毫秒。如果没有该参数，Arduino 将持续发出设定的音调，直到改变发声频率或者使用 noTone() 函数停止发声。

返回值

无。

tone()和 analogWrite()函数都可以输出方波,不同的是 tone()函数输出方波的占空比固定(50%),调节的是方波的频率;而 analogWrite()函数输出的频率固定(约 490 Hz),调节的是方波的占空比。

需要注意的是,同一时间 tone()函数仅能作用一个引脚,如果有多个引脚需要使用 tone()函数,那必须先使用 noTone()函数停止之前已经使用了 tone()函数的引脚,再使用 tone()函数开启下一个指定引脚的方波输出。

noTone()

停止指定引脚上的方波输出。

语法

```
noTone(pin)
```

参数

pin:需要停止方波输出的引脚。

返回值

无。

下面将使用 tone()函数驱动蜂鸣器播放曲子。

3.1.1 蜂鸣器发声

无源蜂鸣器模块(图 3-1)是一种一体化结构的电子讯响器,采用直流电压供电,广泛应用于计算机、报警器、电子玩具等电子设备中。

无源蜂鸣器发声需要有外部振荡源,即一定频率的方波。不同频率的方波输入,会产生不同的音调。接下来我们要利用这种特性,用 tone()函数输出不同的频率的方波,实现 Arduino 播放简单的曲子。

如果使用的是蜂鸣器模块,则直接连接到扩展板即可;如果使用的是独立的扬声器或者蜂鸣器,可按图 3-2 所示方式连接。

在示例程序中使用了两个数组 melody[]和 noteDurations[]记录整个曲谱,然后遍历这两个数组实现输出曲子的功能。

可以在 Arduino IDE 菜单"文件→示例→02.Digital→toneMelody"打开以下程序:

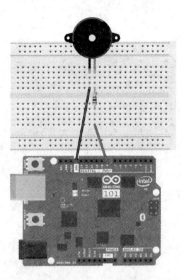

图 3-1　蜂鸣器模块　　　　　　　　　图 3-2　蜂鸣器模块使用连接示意图

```
/*
melody
Plays a melody
This example code is in the public domain.
http://arduino.cc/en/Tutorial/Tone
*/

#include "pitches.h"

//记录曲子的音符
int melody[] = {
  NOTE_C4, NOTE_G3,NOTE_G3, NOTE_A3, NOTE_G3,0, NOTE_B3, NOTE_C4};

//音符持续时间 4 为四分音符, 8 为八分音符
int noteDurations[] = {
  4, 8, 8, 4,4,4,4,4 };

void setup() {
  //遍历整个曲子的音符
  for (int thisNote = 0; thisNote < 8; thisNote++) {

//noteDurations[]数组中存储的是音符的类型
//需要将其换算为音符持续时间,方法如下
    //音符持续时间 = 1 000ms / 音符类型
    //例如,四分音符 = 1000/4,八分音符 = 1000/8
    int noteDuration = 1000/noteDurations[thisNote];
```

```
    tone(8, melody[thisNote],noteDuration);

    //为了能辨别出不同的音调,需要在两个音调间设置一定的延时
    //增加 30% 延时时间是比较合适的
    int pauseBetweenNotes = noteDuration * 1.30;
    delay(pauseBetweenNotes);
    //停止发声
    noTone(8);
  }
}


void loop() {
    //程序并不重复,因此这里为空
}
```

使用以上程序驱动蜂鸣器,还需要一个定义了音调对应频率的头文件 pitches.h,其中记录了不同频率的对应的音调,在 toneMelody 中即是调用了这些定义。如果是通过示例程序打开的该程序,则会在选项卡中看到这个头文件(图 3-3)。

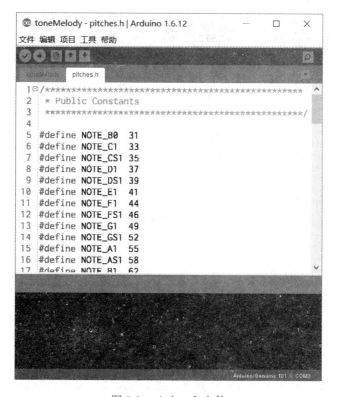

图 3-3　pitches.h 文件

如果是新建的相关程序,要调用这些音调定义,则需要先建立一个名为 pitches.h 的头文件。如图 3-4 所示,在 IDE 中,单击串口监视器下方的小三角,选择新建标签,并在下方的输入框中键入新文件名 pitches.h,并单击"好"按钮。

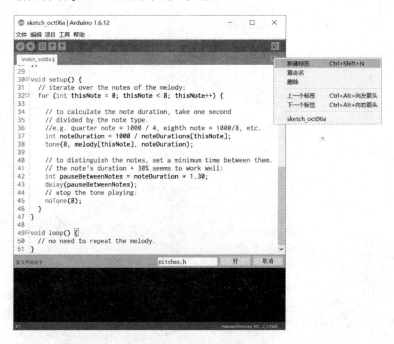

图 3-4　向项目中添加新文件

单击"好"按钮后,IDE 会在项目文件夹中新建一个名为 pitches.h 的文件,并打开这个文件。然后需要将 pitches.h 的内容写入该文件,可以在 Arduino 安装目录中找到 pitches.h 这个文件(Arduino 安装目录\examples\02.Digital\toneMelody\ pitches.h)。

单击"上传"按钮,在检查无误后,编译器即会编译主程序及 pitches.h 文件。上传成功后,即可听到蜂鸣器或扬声器发出的声音了。

还可以试着使用按键和其他的一些传感器结合蜂鸣器制作一个 Arduino 电子琴,按下不同的按键或者触发不同的传感器,让蜂鸣器发出各种不同的音调。

3.1.2　简易电子琴

通过无源蜂鸣器和按键的组合可以制作一个简易的电子琴。当按下不同的按键时,蜂鸣器就会发出不同的音调,达到模拟琴键的效果。

如图 3-5 所示项目中,使用了 7 个按键分别连接到 7 个引脚,并给每个引脚加上了 10kΩ 下拉电阻以稳定引脚上的电平。Arduino 通过依次检查各按键的状态来控制 10 号引脚输出方波,驱动蜂鸣器发出各种不同的音调。

1. 所需材料

Genuino 101、无源蜂鸣器、按键 7 个、连接线若干。

2. 连接示意图

简易电子琴项目的连接示意图如图 3-5 所示。

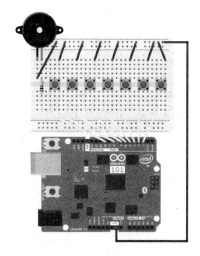

图 3-5　简易电子琴项目连接示意图

示例程序代码如下:

```
/*
使用蜂鸣器与按键制作简易电子琴
*/
#include "pitches.h"

void setup() {
  //初始化按键模块连接引脚
  pinMode(2,INPUT);
  pinMode(3,INPUT);
  pinMode(4,INPUT);
  pinMode(5,INPUT);
  pinMode(6,INPUT);
  pinMode(7,INPUT);
  pinMode(8,INPUT);
}
```

```
void loop() {
  //依次读出各按键模块状态
  //如果按键被按下,则发出相应的音色
  if(digitalRead(2)){
    tone(10, NOTE_C5,10);               //Do(523Hz)
  }
  if(digitalRead(3)){
    tone(10, NOTE_D5,10);               //Re (587Hz),
  }
  if(digitalRead(4)){
    tone(10, NOTE_E5, 10);              //Mi(659Hz)
  }
  if(digitalRead(5)){
    tone(10, NOTE_F5, 10);              //Fa(698Hz)
  }
  if(digitalRead(6)){
    tone(10, NOTE_G5, 10);              //So(784Hz)
  }
  if(digitalRead(7)){
    tone(10, NOTE_A5, 10);              //La(880Hz)
  }
  if(digitalRead(8)){
    tone(10, NOTE_B5, 10);              //Si(988Hz)
  }
}
```

编译并上传程序后,即可以用这个自制的电子琴演奏一个简单的曲子了。还可以将按键换成触摸模块或者其他数字传感器以获得不同的体验效果。

3.2   脉冲宽度测量函数

Arduino 提供了 pulseIn()函数,用于检测引脚上脉冲信号的宽度。

pulseIn()

检测指定引脚上的脉冲信号宽度。

例如,当要检测高电平脉冲时,pulseIn()函数会等待指定引脚输入的电平变高,当变高后开始记时,直到输入电平变低,停止计时。pulseln()函数会返回这个脉冲信号持续的时间,即这个脉冲的宽度。

函数还可以设定超时时间。如果超过设定时间仍未检测到脉冲,则会退出 pulseIn()函数并返回0。当没有设定超时时间时,pulseIn()函数会默认1s的超时时间。

语法

```
pulseIn(pin, value)
pulseIn(pin, value, timeout)
```

参数

pin:需要读取脉冲的引脚。

value:需要读取的脉冲类型,HIGH或LOW。

timeout:超时时间,单位为微秒(μs),数据类型为无符号长整型。

返回值

返回脉冲宽度,单位为微秒(μs),数据类型为无符号长整型。如果在指定时间内没有检测到脉冲,则返回0。

接下来将学习利用pulseIn()函数与超声波传感器完成测距工作。

超声波是频率高于20 000Hz的声波,它指向性强,能量消耗缓慢,在介质中传播的距离较远,因而经常用于测量距离。超声波传感器型号众多,这里为大家介绍一款常见的超声波传感器。

1. SR04 超声波传感器

SR04(图 3-6)是利用超声波特性检测距离的传感器。其带有两个超声波探头,分别用作发射和接收超声波。其测量范围为3~450cm。

2. 工作原理

如图 3-7 所示,超声波发射器向某一方向发射超声波,在发射的同时开始计时,超声波在空气中传播,途中碰到障碍物就立即返回来,超声波接收器收到反射波就立即停止计时。声波在空气中的传播速度约为340m/s,根据计时器记录的时间 t,就可以计算出发射点距障碍物的距离 s,即:$s=340m/s\times t/2$。这就是所谓的时间差测距法。

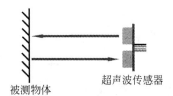

图 3-6 SR04 超声波传感器　　　　图 3-7 超声波发射接收示意图

3. 引脚

SR04 超声波模块有 4 个引脚,各功能见表 3-1。

表 3-1　SR04 引脚

引　　脚	说　　明
Vcc	电源 5V
Trig	触发引脚
Echo	回馈引脚
Gnd	接地引脚

4. 驱动方法

如图 3-8 所示,使用 Arduino 的数字引脚给 SR04 的 Trig 引脚至少 $10\mu s$ 的高电平信号,触发 SR04 模块测距功能。

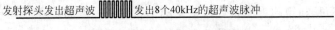

图 3-8　Arduino 发送触发信号

如图 3-9 所示,触发后,模块会自动发送 8 个 40kHz 的超声波脉冲,并自动检测是否有信号返回。这步会由模块内部自动完成。

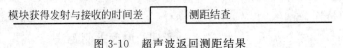

图 3-9　超声波发出超声波脉冲

如图 3-10 所示,如有信号返回,Echo 引脚会输出高电平,高电平持续的时间就是超声波从发射到返回的时间。此时能使用 pulseIn() 函数获取测距的结果,并计算出距被测物的实际距离。

模块获得发射与接收的时间差 ⎍ 测距结查

图 3-10　超声波返回测距结果

5. 连接示意图

如图 3-11 所示,本示例将超声波模块的 Trig 引脚连接到 Arduino 的 2 号引脚,Echo 引脚连接到 Arduino 的 3 号引脚。

示例程序代码如下:

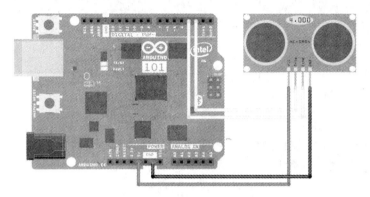

图 3-11　超声波测距连接示意图

```
/*
SR04 超声波传感器驱动
串口显示检测距离
*/

//设定 SR04 连接的 Arduino 引脚
const int TrigPin = 2;
const int EchoPin = 3;
float distance;

void setup()
{    //初始化串口通信及连接 SR04 的引脚
    Serial.begin(9600);
    pinMode(TrigPin, OUTPUT);
    //要检测引脚上输入的脉冲宽度,需要先设置为输入状态
    pinMode(EchoPin, INPUT);
    Serial.println("Ultrasonic sensor:");
}

void loop()
{
    //产生一个 10μs 的高脉冲去触发 TrigPin
    digitalWrite(TrigPin, LOW);
    delayMicroseconds(2);
    digitalWrite(TrigPin, HIGH);
    delayMicroseconds(10);
    digitalWrite(TrigPin, LOW);
    //检测脉冲宽度,并计算出距离
```

```
        distance = pulseIn(EchoPin, HIGH)/ 58.00;
        Serial.print(distance);
        Serial.print("cm");
        Serial.println();
        delay(1000);
    }
```

编译并上传程序,然后打开串口监视器,并将超声波传感器对向需要测量的物体,即可看到当前超声波传感器距物体的距离,如图 3-12 所示。

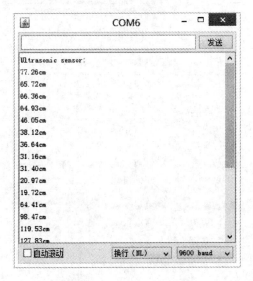

图 3-12   超声波测距结果

环境温度、湿度等对声波的传输速度也有影响,可以尝试结合其他的温/湿度传感器校正超声波传感器测出的数据,以得到更准确的测量结果。

3.3   外部中断

程序运行中时常需要监控一些事件的发生,如对某一传感器的检测结果做出反应。使用轮询的方式检测,效率较低,等待时间较长;而使用中断方式检测,可以到达实时检测的效果。

如图 3-13 所示,中断程序可以看作是一段独立于主程序之外的程序,当中断触发时,控制器会暂停当前正在运行的主程序,而跳转去运行中断程序,中断程序运行完后,会再回到之前主程序暂停的位置,继续运行主程序。如此即可达到实时响应处理事件的效果。

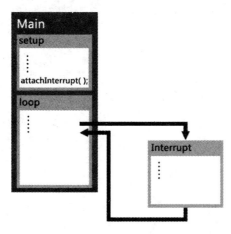

图 3-13　中断结构

3.3.1　外部中断的使用

外部中断是由外部设备发起请求的中断。要使用外部中断,需要了解中断引脚的位置,根据外部设备选择中断模式,编写一个中断触发后执行的中断函数。

1. 中断引脚与中断编号

在不同型号的 Arduino 控制器上,中断引脚的位置也不同,只有中断信号发生在带外部中断功能的引脚上,Arduino 才能捕获这个中断信号并做出响应。

在 Genuino 101 上的中断使用,和其他 Arduino 控制器有些许不同。其他 Arduino 只有部分引脚支持外部中断,且中断编号和引脚号是不一样的;而 Genuino 101 所有引脚都支持外部中断,中断编号即是引脚编号。

2. 中断模式

还需要了解设备触发外部中断的输入信号类型,以设置中断模式。中断模式也就是中断触发的方式,大多数 Arduino 支持表 3-2 中的四种中断触发方式。

表 3-2　可用中断触发模式

模　　式	说　　明
LOW	低电平触发
CHANGE	电平变化触发,高电平变低电平,低电平变高电平
RISING	上升沿触发,低电平变高电平
FALLING	下降沿触发,高电平变低电平

需要注意的是,Genuino 101 上只有 2,5,7,8,10,11,12,13 引脚支持 CHANGE 中断模式。

3. 中断函数

除了设置中断模式外,还需要编写一个响应中断的处理程序——中断函数,当中断触发后,Arduino 即会运行这个函数。该函数不能带任何参数,且返回类型为空,如:

```
void Hello()
{
    flag = true;
}
```

当中断触发后,Arduino 即会执行这个函数中的语句。

这些准备工作做好后,还需要在 Setup()中使用 attachInterrupt()函数对中断引脚进行初始化配置,以开启 Arduino 的外部中断功能,其方法如下。

(1) attachInterrupt(pin, ISR, mode)

参数

pin:中断引脚;

ISR:中断函数名;

mode:中断模式。

例如:

```
attachInterrupt(2, Hello,LOW);
```

该语句会开启 Genuino 101 的 2 号引脚(中断编号 0)的外部中断功能,并指定下降沿时触发该中断。当 2 号引脚上电平由高变低后,该中断会被触发,Arduino 即会运行 Hello()函数中的语句。

如果不需要使用外部中断了,可以用中断分离函数 detachInterrupt()来关闭中断功能。

(2) detachInterrupt(pin)

禁用外部中断。

参数 pin:需要禁用中断的引脚。

3.3.2　外部中断触发蜂鸣器警报实验

这里制作一个防盗报警装置。装置放在需要看守的物体旁边,通过数字红外障碍传感器检测前方是否有物体,如果没有检测到物体就触发蜂鸣器报警。

数字红外障碍传感器(图 3-14)是一种通过红外光反射来检测障碍物的传感器。

模块会发出调制过的 38kHz 红外光,红外光经障碍物反射后由一体化接收头接收。当检测范围内有障碍物时,模块输出低电平;无障碍物时,模块输出高电平。

在编写这个中断程序前,先要清楚适合项目的中断触发方式,这里将红外障碍传感器连接到 Genuino 101 的 2 号引脚上,并将其设为电平改变触发。当电平由低变高时,说明物体被拿走,触发 8 号引脚连接的蜂鸣器报警;当放回物体后,电平由高变低,蜂鸣器停止报警。

示例程序代码如下:

图 3-14　数字红外障碍传感器

```
/*
Arduino 外部中断的使用
外部中断触发警报声
*/

//默认无遮挡,蜂鸣器发声
volatile boolean RunBuzzer = true;

void setup()
{
  Serial.begin(9600);
  //初始化外部中断
  //当 2 号引脚输入的电平由高变低时,触发中断函数 warning
  attachInterrupt(2, warning, CHANGE);
}

void loop()
{
  if(RunBuzzer)
  {
    tone(8,1000);
  }
  else
  {
    noTone(8);
  }
}

//中断函数
```

```
void warning ()
{
  RunBuzzer = ! RunBuzzer;
}
```

上传该程序后,会听到蜂鸣器发出警报声,用手或其他物体遮挡住红外障碍传感器,警报声便会停止。

要注意的是,需要在中断函数中改变的变量,要使用 volatile 定义避免编译器优化造成程序运行异常。

第4章

使用和编写类库

库是类库和函数的集合。要提高代码编写效率及程序可读性,最快捷的方法就是使用他人已经编写好的类库。

Arduino 有庞大的库资源,使用它们可以加快开发并简化程序。在 Arduino 社区中,可以找到大量的 Arduino 库资源,推荐的社区网站如下:

Arduino 官方网站　https://www.arduino.cc;

Github　https://github.com;

Arduino 中文社区　http://www.arduino.cn。

Arduino IDE 中默认带有一些常用库,针对 Genuino 101 的特性,官方还提供了几个 Genuino 101 专用库,如表 4-1 所示。

表 4-1　Genuino 101 专用库

库文件名称	头　文　件	说　　明
CurieBLE	CurieBLE.h	低功耗蓝牙驱动库
EEPROM	EEPROM.h	EEPROM 驱动库
CurieIMU	CurieIMU.h	六轴姿态传感器驱动库
CurieSoftwareSerial	CurieSoftwareSerial.h	软串口库
CurieTime	CurieTime.h	RTC 时钟库
CurieTimerOne	CurieTimerOne.h	定时器库
SerialFlash	SerialFlash.h	板载 Flash 存储驱动库
CurieI2S	CurieI2S.h	I^2S 驱动库

以上库可以在 Arduino IDE 菜单"文件→示例"中找到对应的示例程序,可利用它们学习开发方法。

本章主要讲解如何添加、调用第三方库，方法主要有两种：通过 IDE 自带的库管理器添加和手动添加。需要注意的是，由于主控芯片不一样，并不是所有的 Arduino 库都可以在 Genuino 101 上使用。

4.1　通过库管理器添加库

新版 Arduino IDE 已经集成了库管理功能，通过 Arduino IDE 菜单"项目→加载库→管理库"可以打开库管理器，如图 4-1 所示。

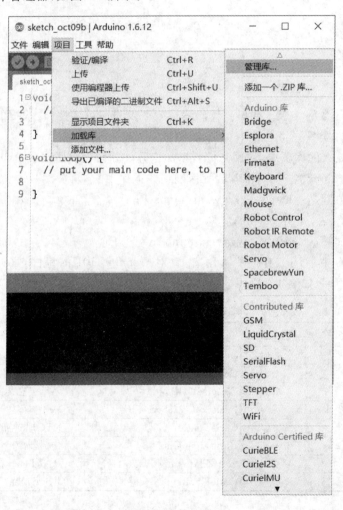

图 4-1　库管理器

在库管理器上方搜索栏输入要查找的库的关键字,下方就会出现相关库列表,选中要用的库,会出现"安装"按钮,单击该按钮,即可安装该库,如图 4-2 所示。

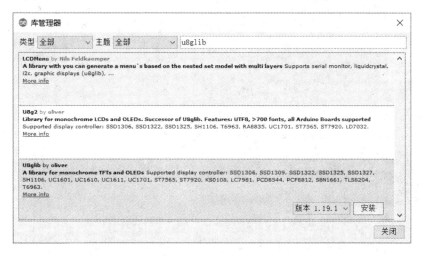

图 4-2　安装库管理器

安装好的库会出现在 Arduino IDE 菜单"项目→加载库"中,单击需要加载的库,即可在代码中自动添加 ♯include ＜ xxx.h＞语句调用该库。

4.2　手动添加库并使用

库管理器可以很方便地添加第三方库,但其中只提供了一些常用的库资源。如果需要添加更多的库资源或者自定义的库,那就需要用户自己下载库或编写库。大部分开发者都喜欢将他们编写的 Arduino 库放到开源社区上分享。

Github(github.com)是全球最大的 git 服务提供商,也是最大的开源社区之一,很多常用的 Arduino 库都可以通过 Github 找到。Arduino 官方网站(arduino.cc)和 Arduino 中文社区(arduino.cn)上也可以找到很多库资源。

还是以 SR04 超声波传感器模块为例,可以在以下网址下载到这个类库:http://clz.me/101-book/download/。在该页面可以看到 SR04 lib 的下载链接,下载后会得到一个名为 SR04.zip 的文件。解压该文件,并将解压出的 SR04 文件夹放到 C:\Users\＜你的用户名＞\Documents\Arduino\libraries 路径下(图 4-3)。

libraries 文件夹中存放的是 Arduino 的各种类库,当将类库放入其中后即可以在编写程序时调用它们。

再打开 Arduino IDE,可以在 Arduino IDE 菜单"文件→示例"中看到新增加的 SR04 选项,单击即可打开 SR04 类库的示例程序(图 4-4)。

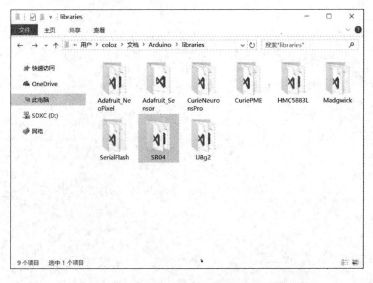

图 4-3   Arduino 第三方库存放文件夹

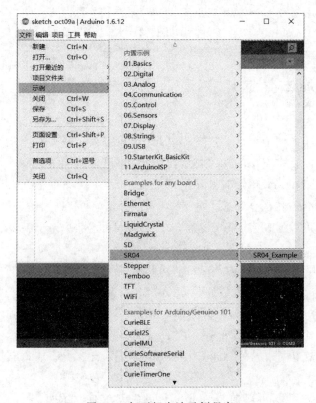

图 4-4   打开超声波示例程序

通过阅读类库的示例程序能更快了解该类库的使用方法。

SR04_Example 内容如下：

```
//声明该程序要使用 SR04 类库
# include "SR04.h"

//实例化一个对象,并初始化连接的引脚
//TrigPin 连接到 2 号引脚
//EchoPin 连接到 3 号引脚
SR04 ultrasonic = SR04(2,3);

void setup()
{
  Serial.begin(9600);
}

void loop()
{
  //使用 GetDistance()函数获取当前超声波传感器返回的距离值并存入变量 distance 中
  float distance = ultrasonic.GetDistance();

  //输出测得的距离
  Serial.print(distance);
  Serial.print("cm");
  Serial.println();
}
```

编译并下载程序到 Genuino 101 中,将获得与之前超声波测距程序一样的效果。

再来看看这个示例程序是如何调用这个类库的。首先,程序中使用了

```
# include "SR04.h"
```

语句,声明该程序会调用 SR04 类库。接着,使用

```
SR04 ultrasonic = SR04(2,3);
```

建立了一个 SR04 类型、名为 ultrasonic 的对象,也可以其他名字命名这个对象。

ultrasonic 对象代表了正在使用的这个超声波传感器。并且这里调用 SR04 类的构造函数对新建的这个对象进行了初始化,指定了该传感器连接的 Genuino 101 的引脚。

需要注意这里的类型、对象、构造函数的区别,如图 4-5 所示。

接着,在 loop 函数中还使用了如下语句：

$$SR04 \quad ultrasonic \quad = \quad SR04(\,2\,,3\,);$$

类型　　　对象　　　　　构造函数

图 4-5　区分类型、对象、构造函数

```
float distance = ultrasonic.GetDistance();
```

GetDistance()是 SR04 类的成员函数，它可以返回当前传感器测得的距离。而ultrasonic.GetDistance()即是返回 sr04 这个对象测得的距离，该返回值为 float 类型，因此，还声明了一个 float 类型的变量来存储这个返回值，并在此后的程序中使用。

由上可看出，使用类库编写程序，需要编写的代码减少了，程序的可读性提高了，编程工作更加直观和方便。

一些常见的单片机开发都使用纯 C 语言，并没有使用面向对象的思想，而 Arduino 引入了面向对象的思想，使程序更加容易理解和编写。可以将 Arduino 上连接的硬件设备都看作是一个对象，对其进行编程操作。

例如，同时操作两个 SR04 超声波传感器时，只需要先建立两个 SR04 类型的对象，并分别调用对象的成员函数即可。

示例程序代码如下：

```
# include "SR04.h"

//实例化两个 SR04 对象,并初始化连接的引脚
SR04 ultrasonic1 = SR04(2,3);
SR04 ultrasonic2 = SR04(4,5);

void setup()
{
  Serial.begin(9600);
}

void loop()
{
  //分别调用 GetDistance() 函数获取当前超声波传感器返回的距离值并存入变量 distance 中
  float distance1 = ultrasonic1.GetDistance();
  float distance2 = ultrasonic2.GetDistance();
  //分别输出两个超声波传感器测得的距离
  Serial.print(distance1);
  Serial.print("cm");
  Serial.print(distance2);
  Serial.print("cm");
```

```
    Serial.println();
}
```

通过以上程序就可以同时使用两个超声波传感器了。

Arduino 还有很多第三方的类库可以使用,可以在 Github. com、Arduino. cc、Arduino. cn 等开源社区上找到更多的类库。Arduino 的优势也在于此,借助开源社区的资源,即使不清楚某个器件的驱动原理,如果该器件有第三方的 Arduino 类库,通过学习例程,就可以对这个器件加以使用。

此后的章节中还会用到其他第三方类库,其安装方法均和本节所讲的方法一致。

4.3　编写 Arduino 类库

在 4.2 节中使用他人开发的类库,是不是感觉编程变得格外简单? 有了这些库文件,就不必过多地理会各种模块是如何驱动的,只需调用库提供的类和函数,就可以轻松使用各类模块了。

但是一个优秀的 Arduino 玩家或者开发者不能仅仅满足于使用别人提供的库,纯粹的“拿来主义”不是开源精神,真正的开源精神在于分享。

掌握本节的内容后,就可以将你编写的库文件发表到互联网上,让众多 Arduino 用户来使用。

在编写类库前,还需要掌握函数的编写方法,这里仍以 SR04 超声波传感器为例。

4.3.1　编写函数

前面学习了超声波模块的使用,已经知道运行相应的程序就可以让串口输出超声波测距的数值。但你是否思考过,如果程序中需要实现的功能不仅仅是获取超声波传感器读数和串口输出,那程序的可读性会变得怎样呢? 或者需要同时控制多个超声波模块,是否需要重复多次书写语句呢?

为了使程序看起来更清晰明了,可以将超声波驱动对端口的配置过程封装成 init_SR04 函数。该函数仅完成超声波相关初始化,无须返回值,因此可以使用 void 来声明该函数。而超声波的 Trig 引脚和 Echo 引脚是其初始化必须使用的两个变量,将其设置为两个参数。

init_SR04 函数代码如下:

```
    void init_SR04(int TrigPin, int EchoPin)
    {
```

```
    //初始化超声波
    pinMode(TrigPin, OUTPUT);
    pinMode(EchoPin, INPUT);
}
```

将发送触发信号、获取并计算结果的过程封装成 GetDistance 函数。

函数最后需要返回测出的距离，即一个 float 类型的变量，因此在该函数使用 float 类型声明函数的返回值，并在函数中添加 return 语句，返回变量并退出函数。

GetDistance 函数代码如下：

```
float GetDistance (int TrigPin, int EchoPin)
{
    //产生一个 10ms 的高脉冲去触发 TrigPin
    digitalWrite(TrigPin, LOW);
    delayMicroseconds(2);
    digitalWrite(TrigPin, HIGH);
    delayMicroseconds(10);
    digitalWrite(TrigPin, LOW);
    float distance = pulseIn(EchoPin, HIGH) / 58.00;
    return distance;
}
```

现在只需要在 setup 和 loop 中调用这两个函数，就可以完成之前的功能了。

```
float distance;

void setup()
{
    init_SR04(2,3);
    Serial.begin(9600);
}

void loop()
{
    distance = GetDistance (2,3);
    Serial.print(distance);
    Serial.print("cm");
    Serial.println();
    delay(1000);
}
```

这样设计程序后,程序的整体可读性增强了。这是简单的函数建立与调用,有 C 语言基础后,应该可以轻松掌握。

完整的程序代码如下:

```
/*
通过函数实现 SR04 超声波模块驱动
*/

float distance;

void init_SR04(int TrigPin,int EchoPin)
{
  pinMode(TrigPin, OUTPUT);
  pinMode(EchoPin, INPUT);
}

float GetDistance (int TrigPin,int EchoPin)
{
  digitalWrite(TrigPin, LOW);
  delayMicroseconds(2);
  digitalWrite(TrigPin, HIGH);
  delayMicroseconds(10);
  digitalWrite(TrigPin, LOW);
  float distance = pulseIn(EchoPin, HIGH) / 58.0;
  return distance;
}

void setup()
{
  init_SR04(2,3);
  Serial.begin(9600);
}

void loop()
{
  distance= GetDistance (2,3);
  Serial.print(distance);
  Serial.print("cm");
  Serial.println();
  delay(1000);
}
```

掌握了函数的编写方法后,即可开始编写类库。

4.3.2　编写头文件与源文件

通常一个类库中包含两种后缀的文件：.h文件和.cpp文件。

.h文件称为头文件，其用于声明类库及其成员；.cpp文件称为源文件，其用于定义类库及其成员。

1. 编写头文件

首先，需要建立一个SR04.h的头文件，在SR04.h这个文件中要声明一个SR04超声波类。类的声明方法如下：

```
class SR04 {
public:


private:


};
```

通常一个类可以包含两个部分——public和private。public中声明的函数和变量可以被外部程序所访问，而private中声明的函数和变量，只能从这个类的内部访问。

然后，根据实际需求来设计这个类，SR04类的结构如图4-6所示。

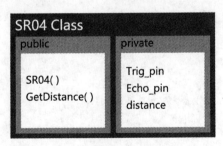

图4-6　SR04类结构图

它包含两个成员函数和三个成员变量。

SR04()函数是一个与类同名的构造函数，用于初始化对象。需要在public中声明这个函数。声明如下：

```
SR04(int TrigPin,int EchoPin);
```

这个构造函数用来替代前面使用的void init_SR04(int TrigPin,int EchoPin)函数。需

要注意的是,构造函数必须与类同名,且不能有返回值。

还需要一个 GetDistance() 函数来获取并处理超声波传感器返回的信息:

```
float GetDistance();
```

这个函数用来替代之前使用的 float GetDistance(int TrigPin, int EchoPin) 函数。还有一些程序运行过程中的函数或变量,用户在使用时并不会接触到,可以将其放在 private 部分中声明:

```
//记录 SR04 使用的引脚
int Trig_pin;
int Echo_pin;
//记录 SR04 返回的距离
float distance;
```

完整的 SR04.h 代码如下:

```
#ifndef SR04_H
#define SR04_H

#include "Arduino.h"

class SR04 {
public:
    SR04(int TrigPin, int EchoPin);
    float GetDistance();

private:
    int Trig_pin;
    int Echo_pin;
    float distance;
};
#endif
```

1) 预处理命令

以 # 开头的语句为预处理命令。前面包含文件使用的 # include 及常量定义时使用的 # define 均为预处理命令。

预处理命令并不是 C/C++语言的组成部分,编译器不会直接对其进行编译,在编译前,系统会预先处理这些命令。

2）宏定义

如程序中用＃define COL 1112 定义了一个名为 COL 的宏，实际在编译前，系统会将代码中所有的 COL 替换为 1112，再对替换后的代码进行编译。

这种定义方式称之为宏定义，即使用一个特定的标识符来代表一个字符串。其一般形式为

```
＃define 标识符字符串
```

在 Arduino 中，常用到 HIGH、LOW、INPUT、OUTPUT 等参数及圆周率 PI 等常量都是通过宏的方式定义的。

3）文件包含

若程序中使用＃include 包含了一个文件，例如＃include < EEPROM. h >，在预处理时系统会将该命令替换成 EEPROM. h 文件中的实际内容，再对替换后的代码进行编译。

文件包含命令的一般形式为

```
＃include<文件名>
```

或

```
＃include"文件名"
```

在使用<文件名>形式时，系统会在 Arduino 库文件中寻找目标文件；而使用"文件名"形式时，系统会优先在你的 Arduino 项目文件中查找目标文件，若没有找到，再查找 Arduino 库文件。

4）条件编译

回到 SR04. h，其中会看到以下代码：

```
＃ifndef SR04_H
＃define SR04_H
…
＃endif
```

其中

```
＃ifndef 标识符
  程序段
＃endif
```

为条件编译命令。♯ifndef SR04_H 会查找标识符 SR04_H 是否在程序的其他位置被 ♯define 定义过。若没有被定义过，则定义该标识符。这个写法主要是为了防止重复地包含某文件，避免程序编译出错。

2. 编写源文件

接着，还要建立一个 SR04.cpp 源文件。在 SR04.cpp 源文件中，需要写出头文件中声明的成员函数的具体实现代码。

完整代码如下：

```cpp
#include "Arduino.h"
#include "SR04.h"

SR04::SR04(int TP, int EP)
{
    pinMode(TP,OUTPUT);
    pinMode(EP,INPUT);
    Trig_pin = TP;
    Echo_pin = EP;
}


float SR04::GetDistance()
{
    digitalWrite(Trig_pin, LOW);
    delayMicroseconds(2);
    digitalWrite(Trig_pin, HIGH);
    delayMicroseconds(10);
    digitalWrite(Trig_pin, LOW);
    float distance = pulseIn(Echo_pin, HIGH) / 58.00;
    return distance;
}
```

在 SR04.h 文件中声明了 SR04 类及其成员，在 SR04.cpp 中定义该函数的实现方法。在类声明以外定义成员函数时，需要使用域操作符“::”说明该函数属于 SR04 类。

4.3.3　关键字高亮

一个 SR04 超声波类库编写完成了，但它还不是一个完美的 Arduino 类库，因为它没有一个可以让 Arduino IDE 识别并高亮关键字的 keywords.txt 文件，再建立一个 keywords.txt 文件，并键入以下代码：

```
SR04 KEYWORD1
GetDistance KEYWORD2
```

需要注意的是,SR04 KEYWORD1 及 GetDistance KEYWORD2 之间的空格应由键盘 Tab 键输入。

在 Arduino IDE 的关键字高亮中,会识别 KEYWORD1 为数据类型高亮方式, KEYWORD2 为函数高亮方式。

有了 keywords.txt,在 Arduino IDE 里使用该类库就能看到代码高亮效果了。这样一个完整的 Arduino 类库就建立好了。

使用该类库,还需要新建一个名为 SR04 的文件夹,并将 SR04.h、SR04.cpp、keywords.txt 三个文件放入该文件夹中。再按照 4.2 节的方法将库文件夹放入 Arduino 库文件夹中。

4.3.4　建立示例程序

为了方便其他用户学习和使用编写好的类库,还可以在 SR04 文件夹中新建一个 examples 文件夹,并放入示例程序,方便其他使用者学习和使用这个类库。这里在 examples 文件夹中新建了一个 SR04_Example 文件夹,并放入了一个 SR04_Example.ino 文件(图 4-7)。需要注意的是,ino 文件所在文件夹需要与该 ino 文件同名。

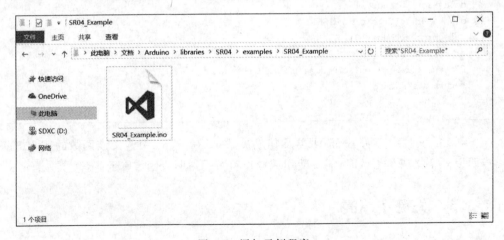

图 4-7　添加示例程序

SR04_Example.ino 完整程序代码如下:

```
# include < SR04.h >

SR04 ultrasonic = SR04(2,3);
void setup()
{
  Serial.begin(9600);
}
void loop()
{
  float distance = ultrasonic.GetDistance();
  Serial.print(distance);
  Serial.print("cm");
  Serial.println();
}
```

至此,一个完整的 Arduino 类库就建立完成了,重启 Arduino IDE 后,在 Arduino IDE 菜单"文件→示例"中可以找到该示例程序。编译并下载示例程序到 Arduino 控制器,验证类库是否还需要修改。

4.3.5　类库优化与发布

为了方便理解和学习 Arduino 类库的编写方法,笔者在教学中将库进行了一定简化。大家可能会在使用过程中遇到一些检测出错的情况,例如检测到的距离过大或为 0 等。大家可以对这个库进行更多优化,使之达到更好的检测效果。

这里给出三种优化思路,大家可以自己尝试优化这个类库:

(1) 当检测到的距离超出了 SR04 超声波模块可检测的范围时(3~450cm),输出错误信息或者重新检测;

(2) 每次检测时,检测两次或者多次,将得到的值做比较,如果偏差较大,则认为是检测出错并放弃检测结果,重新检测距离;

(3) 使用 pulseIn(pin, value, timeout)取代 pulseIn(pin, value)检测脉冲宽度,通过限定检测脉冲超时时间来限定超声波传感器的检测距离。

最后,希望大家秉承开源共享的精神,将类库发布到开源社区与大家分享。

## 第 5 章

定 时 器

5.1　定时器中断

外部中断是通过检测输入电平的变化而产生中断信号的。除了外部中断方式外，Genuino 101 还可以按时间变化产生中断，这就会使用到定时器（Timer），而对应产生的中断被称为定时器中断。

定时器是嵌入式系统中的一个特殊的计数器。它可以对分频后的时钟信号进行计数，当计数值达到设定值即会产生定时器中断，且通过时钟频率和计数值可以计算出时间，所以可以达到以时间触发中断的效果。简而言之，当需要以特定频率运行某个中断程序时，可以使用定时器中断。

使用 Curie 定时器功能须引用头文件 CurieTimerOne.h，语句如下：

```
#include "CurieTimerOne.h"
```

和 I/O 中断一样，也需要先定义一个返回值为空的中断函数：

```
void ISRNAME() {

}
```

使用 start 函数即可开启定时器中断：

```
CurieTimerOne.start(time, ISR)
```

其中,参数 time 为时间,单位为 μs,ISR 为定时器中断产生后运行的函数。

第 1 章中的 Blink 示例也可以用定时器实现,实现代码如下:

```
#include "CurieTimerOne.h"

volatilebool lighting = true;
int time = 1000000;

void Blink(){
  digitalWrite(13, lighting);
  lighting = !lighting;
}

void setup() {
  pinMode(13, OUTPUT);
  //开启定时器中断
  CurieTimerOne.start(time, Blink);
}

void loop() {
}
```

以上程序的运行效果同第 1 章的 Blink 程序。

5.2　定时器输出 PWM

除了作中断源使用,定时器也可以用作 PWM 输出,CurieTimerOne 提供的 pwmStart 函数可以输出 PWM。

前面使用 analogWrite 函数输出的 PWM,周期固定,占空比可调,可用作 LED 调光;tone 函数输出的 PWM,周期不变,占空比可调,可用作无源蜂鸣器发声;而 pwmStart 输出的 PWM 周期和占空比都可调,更具灵活性,适用场合更广。

需要注意的是,pwmStart 是重载函数,其有两种重载方式:

```
pwmStart(unsignedint outputPin, double dutyPercentage, unsigned int periodUsec);
pwmStart(unsigned int outputPin, int dutyRange, unsigned int periodUsec);
```

第一个参数 outputPin 为输出 PWM 的引脚编号，periodUsec 为每个周期的时间，单位为 μs。

第二个参数可以为 double 型，也可以为 int 型。当参数为 double 型时，编译器会以 dutyPercentage 进行重载，参数以百分比形式表示 PWM 占空比；当参数为 int 型时，编译器会以 dutyRange 进行重载，参数以 0~1023 的形式表示 PWM 占空比。

出现在相同作用域中的两个函数，如果具有相同的函数名而参数表不同，则称为重载函数。

重载函数共享一个函数名，但却是不同的函数，编译器将根据所传递的参数类型来判断调用的是哪个函数。通常用来命名一组功能相似的函数，这样做减少了函数名的数量，简化了程序的实现，使程序更容易理解。

以下代码也是实现 Blink 的效果：

```
# include "CurieTimerOne.h"

void setup() {
  //设置 13 号引脚输出 PWM 信号，占空比为 50%，周期为 2s(2000000μs)
  CurieTimerOne.pwmStart(13, 50.0, 2000000);

  //当第二个参数为 int 型时，用 0~1023 的数值表示占空比
  //例如 512 代表约 50% 的占空比
  //CurieTimerOne.pwmStart(13, 512, 2000000);
}

void loop() {
  delay( 10000 );
}
```

需要注意的是语句

```
CurieTimerOne.pwmStart(13, 25.0, 1000000);
```

中的第二个参数 25.0 一定要有小数位，编译器才会将其判断为 double 型。如果这里直接使用不带小数位的 25，编译器会将其判断为 int 型，进而使用另一种重载方式。

## 第6章

串 口 进 阶

6.1　串行与并行通信

　　本章将深入了解 Genuino 101 的串口(UART)通信,UART、I^2C、SPI 均属于串行通信。串行通信是相对于并行通信的一个概念。如图 6-1 所示,并行通信可以多位数据同时传输,速度更快,但其占用的 I/O 较多,而 Genuino 101 的 I/O 资源有限,因此在 Genuino 101 中更常使用的是串行通信方式。

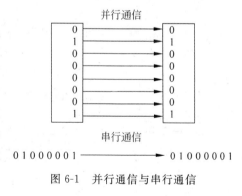

图 6-1　并行通信与串行通信

　　Genuino 101 硬件集成了串口通信方式,掌握这种通信类库的用法,既可以与相应的通信接口的各种设备进行通信,还可以为基于这些通信方式的传感器或模块编写驱动程序。

6.2　硬件串口

　　串口,也称通用异步串行收发器(Universal Asynchronous Receiver Transmitter, UART)。前面的章节中学习了串口的基本用法,通过将 Genuino 101 上的 USB 接口和计算机连接进行 Arduino 和计算机之间的串口通信。除此之外,也可以使用对应的串口引脚连接其他的串口设备进行通信。需要注意的是,通常一个串口只能连接一个设备并与之通信。

串口通信示意图如图 6-2 所示,串口通信时,两个串口设备间需要发送端(TX)、接收端(RX)交叉相连,并共用电源地(GND)。

Genuino 101 提供了一个 USB 模拟串口与计算机通信,还提供了一个硬件串口,可用其与其他串口设备通信。

如图 6-3 所示,在 Genuino 101 程序中,通过 USB 和计算机通信的串口对象为 Serial,0、1 号引脚对应的串口对象为 Serial1。

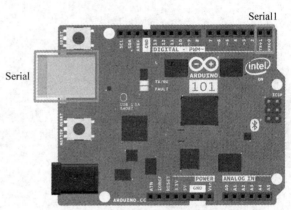

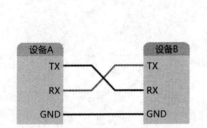

图 6-2　串口通信示意图　　　　　　图 6-3　Genuino 101 的串口部分

在串口与其他器件的通信过程中,数据传输实际都是以数字信号(即电平高低变化的形式)进行的。当使用 Serial. print()输出数据时,Genuino 101 的发送端会输出一连串的比特流。

例如,使用 Serial. print('A')语句发送数据时,实际发送的一组比特流格式见图 6-4。

起始位	数据位								校验位	停止位
0	0	1	0	0	0	0	0	1	—	1
低电平	65(对应ASCII字符为A)								无	高电平

图 6-4　串口数据比特流

1. 起始位

起始位总是为低电平,是一组比特流开始传输的信号。

2. 数据位

数据位是一组比特流中承载实际发送的数据的部分。当 Arduino 通过串口发送一组比特流时,实际的数据可能不是 8 位的,例如标准的 ASCII 码是 0～127(7 位),扩展的 ASCII 码是 0～255(8 位)。如果数据使用简单的文本(标准 ASCII 码),那么每组比特流使用 7 位数据。Arduino 默认为 8 位数据位,即每次可以传输 1B 数据。

3. 校验位

校验位是串口通信中一种简单的检错方式。可以设置偶校验或者奇校验,默认为无校验位。

4. 停止位

每组比特流的最后都有停止位表示该组比特流传输结束。停止位总是为高电平,可以设置停止位为 1 位或 2 位,默认为 1 位停止位。

当串口通信速率较高或外部干扰较大时,可能会出现数据丢失和出错的情况。要保证数据传输的稳定性,最简单的方式就是降低通信波特率或增加停止位和校验位。可以通过 Serial.begin(speed,config)语句配置串口通信的数据位、停止位和校验位参数。

注：config 的可用配置,可参见本书附录 C 的"串口通信可用 config 配置"。

6.3　print 和 write 输出方式的差异

在 HardwareSerial 类中有 print()和 write()两种输出函数,两者都可以输出数据,但输出形式并不相同。

可以使用以下示例程序比较两者的差别：

```
/*
print 和 write 的使用
*/

float FLOAT = 1.23456;
int INT = 123;
byte BYTE[6] = {48,49,50,51,52,53};

void setup(){
  Serial.begin(9600);
  //print 的各种输出形式
  Serial.println("Serial Print:");
  Serial.println(INT);
  Serial.println(INT, BIN);
  Serial.println(INT, OCT);
```

```
    Serial.println(INT, DEC);
    Serial.println(INT, HEX);
    Serial.println(FLOAT);
    Serial.println(FLOAT, 0);
    Serial.println(FLOAT, 2);
    Serial.println(FLOAT, 4);

    //write的各种输出形式
    Serial.println();
    Serial.println("Serial Write:");
    Serial.write(INT);
    Serial.println();
    Serial.write("Serial");
    Serial.println();
    Serial.write(BYTE,6);
}


void loop(){
}
```

运行以上程序,打开串口监视器,输出如图6-5所示。

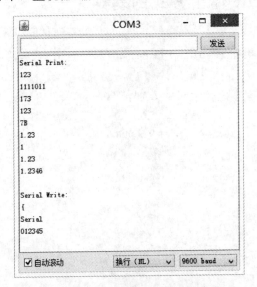

图 6-5   print()和 write()输出的不同数据

当使用 print()函数发送一个数据时,Genuino 101 发送的并不是数据本身,而是将数据转换为字符,再将字符对应的 ASCII 码发送出去,串口监视器收到 ASCII 码,则会显示对应的字符。因此,使用 print()函数是以 ASCII 码形式输出数据到串口。

而使用 write()函数时,Genuino 101 发送的是数值本身。但串口监视器接收到后会将数值当作 ASCII 码,显示其对应的字符。

因此,使用 Serial. write(INT)输出一个整型数 123 时,显示出来的为"{",ASCII 码 123 对应的字符为"{";使用 Serial. write(BYTE,6)输出一个数组时,显示出来的为 012345。数组{48,49,50,51,52,53}中的元素 ASCII 码对应的字符为 0、1、2、3、4、5。这都是由于串口监视器会自动将数据作为 ASCII 码,而显示出来的都是其对应的字符。

6.4 HardwareSerial 类成员函数

HardwareSerial 类位于 Arduino 核心库中,Arduino 默认包含了这个类,因此不用再使用 include 语句调用。其成员函数如下。

1) available()

获取串口接收到的数据个数,即获取串口接收缓冲区中的字节数。接收缓冲区最多可保存 64 字节的数据。

语法

```
Serial.available()
```

参数

无。

返回值

可读取的字节数。

2) begin()

初始化串口,可配置串口的各项参数。

语法

```
Serial.begin(speed)
Serial.begin(speed, config)
```

参数

speed:波特率;

config:数据位、校验位、停止位配置。可以在附录 C 查找到 config 的可用配置。

返回值

无。

例如 Serial.begin(9600,SERIAL_8E2)是将串口波特率设为 9 600,数据位 8,偶校验,停止位 2 位。

3) end()

结束串口通信。

该操作可以释放该串口所在的数字引脚,使得其可以作为普通数字引脚使用。

语法

```
Serial.end()
```

参数

无。

返回值

无。

4) find()

从串口缓冲区读取数据,直到读取到指定的字符串。

语法

```
Serial.find(target)
```

参数

target:需要搜索的字符串或字符。

返回值

Boolean 型。

true:找到。

false:没有找到。

5) findUntil()

从串口缓冲区读取数据,直到读取到指定的字符串或指定的停止符。

语法

```
Serial.findUntil(target, terminal)
```

参数

target：需要搜索的字符串或字符；

terminal：停止符。

返回值

bool 型数据。

6）flush()

等待正在发送的数据发送完成。

语法

```
Serial.flush()
```

参数

无。

返回值

无。

7）parseFloat()

从串口缓冲区返回第一个有效的 float 型数据。

语法

```
Serial.parseFloat()
```

参数

无。

返回值

float 型数据。

8）parseInt()

从串口流中查找第一个有效的整型数据。

语法

```
Serial.parseInt()
```

参数

无。

返回值

int 型数据。

9）peek()

返回 1B 的数据,但不会从接收缓冲区删除该数据。与 read()不同,read()读取数据后,会从接收缓冲区删除该数据。

语法

```
Serial.peek()
```

参数

无。

返回值

进入接收缓冲区的第一个字节的数据;如果没有可读数据,则返回-1。

10）print()

将数据输出到串口。数据会以 ASCII 形式输出。如果要以字节形式输出数据,需要使用 write()函数。

语法

```
Serial.print(val)
Serial.print(val, format)
```

参数

val：需要输出的数据。

format：输出的进制形式。BIN(二进制)；DEC(十进制)；OCT(八进制)；HEX(十六进制)。

或者指定输出的 float 数据带有小数的位数(默认输出两位),例如:

Serial.print(1.23 456)输出为 1.23；

Serial.print(1.23 456, 0)输出为 1；

Serial.print(1.23 456, 2)输出为 1.23；

Serial.print(1.23 456, 4)输出为 1.234 5。

返回值

输出的字节数。

11) println()

将数据输出到串口,并回车换行。数据会以 ASCII 码形式输出。

语法

Serial. println(val)

Serial. println(val,format)

参数

val:需要输出的数据。

format:输出的进制形式。BIN(二进制);DEC(十进制);OCT(八进制);HEX(十六进制)。

或者指定输出的 float 数据带有小数的位数(默认输出两位),例如:

Serial. println(1.23 456)输出为 1.23;

Serial. println(1.23 456,0)输出为 1;

Serial. println(1.23 456,2)输出为 1.23;

Serial. println(1.23 456,4)输出为 1.234 6。

返回值

输出的字节数。

12) read()

从串口读取数据。与 peek()不同,read()每读取 1B,就会从接收缓冲区移除 1B 的数据。

语法

```
Serial.read()
```

参数

无。

返回值

进入串口缓冲区的第一个字节;如果没有可读数据,则会返回−1。

13) readBytes()

从接收缓冲区读取指定长度的字符,并将其存入一个数组中。等待数据时间超过设定的超时时间,将退出这个函数。

语法

```
Serial.readBytes(buffer, length)
```

参数

buffer：用于存储数据的数组（char[]或者 byte[]）。

length：需要读取的字符长度。

返回值

读到的字节数；如果没有接收到有效的数据，则返回 0。

14）readBytesUntil()

从接收缓冲区读取指定长度的字符，并将其存入一个数组中。如果读取到停止符或者等待数据时间超过设定的超时时间，将退出这个函数。

语法

```
Serial.readBytesUntil(character, buffer, length)
```

参数

character：停止符。

buffer：用于存储数据的数组（char[]或者 byte[]）。

length：需要读取的字符长度。

返回值

读到的字节数；如果没有接收到有效的数据，则返回 0。

15）setTimeout()

设置超时时间。用于设置 Serial.readBytesUntil()和 Serial.readBytes()的等待串口数据时间。

语法

```
Serial.setTimeout(time)
```

参数

time：超时时间，单位 ms。

返回值

无。

16）write()

输出数据到串口。以字节形式输出到串口。

语法

```
Serial.write(val)
Serial.write(str)
Serial.write(buf, len)
```

参数

val：发送的数据。

str：string 型的数据。

buf：数组型的数据。

len：缓冲区的长度。

返回值

输出的字节数。

6.5　read 和 peek 输入方式的差异

串口接收到的数据都会暂时存放在接收缓冲区中，使用 read()与 peek()都是从接收缓冲区中读取数据。不同的是：使用 read()读取数据后，会将该数据从接收缓冲区移除；而使用 peek()读取时，不会移除接收缓冲区中的数据。

先来看看使用 read()读取数据，示例程序代码如下：

```
/*
read 函数读取串口数据
*/

char col;
void setup() {
  Serial.begin(9600);
}

void loop() {
  while(Serial.available()>0){
    col = Serial.read();
    Serial.print("Read: ");
    Serial.println(col);
```

```
      delay(1000);
    }
  }
```

使用以上程序打开串口监视器,向 Genuino 101 发送 hello,会看到如图 6-6 所示的信息,串口依次输出了刚才发送的字符,输出完成后,串口即开始等待下一次输出。

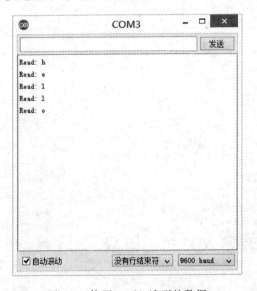

图 6-6　使用 read()读到的数据

再上传使用 peek()的示例程序:

```
/ *
peek 函数读取串口数据
 */

char col;
void setup() {
  Serial.begin(9600);
}

void loop() {
  while(Serial.available()>0){
    col = Serial.peek();
    Serial.print("Read: ");
    Serial.println(col);
```

```
    delay(1000);
  }
}
```

打开串口监视器，可以看到如图 6-7 所示的输出信息。

图 6-7　使用 peek() 读到的数据

使用 peek() 函数读取时，不会移除缓冲区中的数据，因此使用 available() 获取到的缓冲区可读字节数不会改变，且每次读取时都是当前缓冲区的第一个字节。

6.6　串口读取字符串

使用 read() 函数时，每次仅能读取一个字节的数据，如果要读取一个字符串，可以使用"＋＝"运算将字符依次添加到字符串中。

示例程序代码如下：

```
/*
串口读取字符串
*/

void setup() {
  Serial.begin(9600);
```

```
  }

void loop() {
  String inString = "";
  while (Serial.available() > 0) {
    char inChar = Serial.read();
    inString += (char)inChar;
    //延时函数用于等待输入字符完全进去接收缓冲区
    delay(10);
  }
  //检查是否接收到数据,如果接收到,便输出该数据
  if(inString!= ""){
    Serial.print("Input String: ");
    Serial.println(inString);
  }
}
```

上传程序后,打开串口监视器,键入任意字符,如图 6-8 所示,会看到 Genuino 101 返回了刚才输入的数据。

在以上程序中使用了延时语句 delay(10),它在这里是至关重要的,可以尝试删除 delay(10),上传并运行修改后的程序,可能会得到如图 6-9 所示的运行结果。这是由于 Genuino 101 程序运行速度很快,而输入的数据还没有完全传输进 Genuino 101 的串口缓冲区,当 Genuino 101 读完第一个字符,进入下一次 while 循环时,串口还未接收到下一个字符, Serial.available()的返回值会为 0,而 Arduino 在第二次 loop()循环中才检查到下一个字符,因此输出了这个错误的结果。

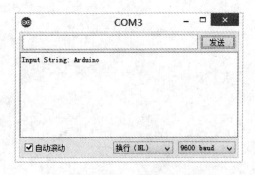

图 6-8　串口读取字符串　　　　　　　　　　　　图 6-9　删除 delay(10)后的结果

还有一种避免这类错误的方式,即使用停止符。当读取到指定的停止符时才结束本次读取,详见串口事件示例程序。

6.7 串口事件

串口事件 serialEvent 函数在 Arduino 中并不是真正意义上的事件,无法做到实时响应。但使用 serialEvent 仍然可以改善程序结构,使程序脉络更为清晰。

当串口接收缓冲区有数据时,会触发该事件。

其定义方式如下:

```
void serialEvent()
{
//串口事件程序
}
```

定义了 serialEvent()函数,便启用了这个事件。当串口缓冲区中存在数据时,这个函数便会运行。

需要注意的是,这里的 serialEvent 事件并不能立即做出响应。当启用该事件时,其实是在两次 loop 循环间检测串口缓冲区中是否有数据,如果有数据则调用 serialEvent()函数。

可以在 Arduino IDE 菜单"文件→示例→04. Communication→SerialEvent"中找到以下程序:

```
/*
  Serial Event example

  When new serial data arrives, this sketch adds it to a String.
  When a newline is received, the loop prints the string and
clears it.

  This example code is in the public domain.
  http://www.arduino.cc/en/Tutorial/SerialEvent
*/

String inputString = "";              //用于保存输入数据的字符串
boolean stringComplete = false;       //字符串是否已接收完全

void setup() {
```

```
      //初始化串口
      Serial.begin(9600);
      //设置字符串存储量为200B
      inputString.reserve(200);
}


void loop() {
  //当收到新的一行字符串时,输出这个字符串
  if (stringComplete) {
    Serial.println(inputString);
    //清空字符串
    inputString = "";
    stringComplete = false;
  }
}


/*
当一个新的数据被串口接收到时会触发SerialEvent事件,SerialEvent函数中的程序会在两次loop()
之间运行,因此,如果loop中有延时程序,则会延迟该事件的响应
*/
void serialEvent() {
  while (Serial.available()) {
    //读取新的字节
    char inChar = (char)Serial.read();
    //将新读到的字节添加到inputString字符串中
    inputString += inChar;
    //如果收到换行符,则设置一个标记,再在loop()中检查这个标记,用以执行相关操作
    if (inChar == '\n') {

      stringComplete = true;
    }
  }
}
```

打开串口监视器,输入任意字符并发送,如图6-10所示,可以看到Genuino 101返回了刚才输入的字符。

因为程序要收到停止符才会结束一次读字符串操作并输出读到数据,而程序中将换行符"\n"设为了停止符,因此必须将串口监视器下方的第一个下拉菜单设置为"换行"。

使用serialEvent()是Arduino 1.0增加的内容,使用它能让程序结构更清晰,但需要注意的是,它仅仅是一个运行在两次loop()之间的函数。

图 6-10 使用停止符的效果

6.8 串口缓冲区

在之前的示例程序中均采用人工输入数据的方式测试程序效果。该方式的特点是单次输入的数据量不大。Genuino 101 每接收一次数据，就会将数据放入串口缓冲区中。但是，当使用其他串口设备发送数据或者传输的数据量逐步增加后，可能会出现写入的数据有部分丢失的情况。这是因为 Genuino 101 设定的缓冲区大小为 256B，当缓冲区存满后，Genuino 101 就会将此后进入缓冲区的数据丢弃。

6.9 实验：串口控制 RGB LED 调光

这里制作一个可以通过串口调光的全彩 LED 灯。可以通过串口发送数据让 LED 显示各种不同的颜色。

1. 实验所需材料

Genuino 101、面包板、共阳 RGB LED 一个、220Ω 电阻三个。

2. 连接示意图

串口控制器 RGB LED 实验连接示意图如图 6-11 所示。

3. 实现方法分析

如图 6-11 所示，这里使用 9、10、11 三个带有 PWM 输出功能的引脚分别调节 RGB 三种颜色发光。

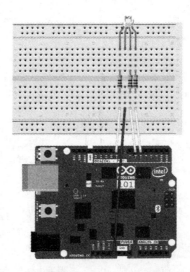

图 6-11 串口控制器 RGB LED 实验连接示意图

在编写程序前,需要制定一个能让 Arduino 读取的数据格式,这里将数据输入格式设定为一个大写字母加一个数字。如 A255,代表 9 号引脚,输出 PWM 的值为 255。

由于使用串口监视器,数据都是以 ASCII 的形式发送到 Arduino 中的,Arduino 接收到的只是一个字符串,需要将这个字符串的英文部分和数字部分分离开,用英文选择要控制的 PWM 调光引脚,用数字部分来指定 PWM 的数值。

程序代码如下:

```
/*
串口 RGB LED 调光
*/

int i;                          //保存 PWM 需要输出的值
String inString = "";           //输入的字符串
char LED = ' ';                 //用于判断指定 LED 颜色对应的引脚
boolean stringComplete = false; //用于判断数据是否读取完成

void setup() {
  //初始化串口
  Serial.begin(9600);
}
void loop() {
  if (stringComplete)
  {
    if (LED == 'A'){
```

```
        analogWrite(5,i);
      }
      else if (LED == 'B'){
        analogWrite(6,i);
      }
      else if (LED == 'C'){
        analogWrite(9,i);
      }
//清空数据,为下一次读取做准备
      stringComplete = false;
      inString = "";
      LED = ' ';
    }
  }


//使用串口事件
//读取并分离字母和数字
void serialEvent() {
  while (Serial.available()) {
//读取新的字符
    char inChar = Serial.read();
//根据输入数据分类
//如果是数字,则存储到变量 inString 中,如果是英文字符,则存储到变量 LED 中
//如果是结束符"\n",则结束读取,并将 inString 转换为 int
    if (isDigit(inChar)) {
      inString += inChar;
    }
    else if (inChar == '\n') {
      stringComplete = true;
      i = inString.toInt();
    }
    else LED = inChar;
  }
}
```

打开串口监视器,并发送 B123、C0、A95 等数据,会看到 RGB LED 按照发送的信息调节了颜色。

程序中使用了换行符"\n"作为结束符,因此必须将串口监视器下方的第一个下拉菜单设置为"换行符"。

掌握了串口的使用,就可以尝试编写各种串口控制 Genuino 101 的程序了。

6.10   软件模拟串口通信——SoftwareSerial 库的使用

除 HardwareSerial 外,Genuino 101 还提供了 CurieSoftwareSerial 类库,它可以将其他数字引脚通过程序模拟成串口通信引脚。

通常将 Genuino 101 上自带的串口称为硬件串口,而使用 SoftwareSerial 类库模拟成的串口称为软件模拟串口(简称软串口)。

在 Genuino 101 上,提供了 0(RX)、1(TX)一组硬件串口,可与外围串口设备通信,如果要连接更多的串口设备,则可以使用软串口。

软串口是由程序模拟实现的,使用方法类似硬件串口,但有一定局限性。如在 Genuino 101 上,13 号引脚不能被作为软串口接收引脚,且软串口接收引脚波特率不能超过 57 600bps。

6.10.1   SoftwareSerial 类成员函数

软串口类库并非 Genuino 101 核心类库,因此使用前需要先声明包含 SoftwareSerial.h 头文件。

其中定义的成员函数与硬件串口类似,available()、begin()、read()、write()、print()、println()、peek()等用法相同,这里不一一列举。

此外软串口后还有如下成员函数。

1) SoftwareSerial()

SoftwareSerial 类的构造函数,通过它可指定软串口 RX、TX 引脚。

语法

```
SoftwareSerial mySerial = SoftwareSerial(rxPin, txPin)
SoftwareSerial mySerial(rxPin, txPin)
```

参数

mySerial:用户自定义软串口对象。

rxPin:软串口接收引脚。

txPin:软串口发送引脚。

2) listen()

开启软串口监听状态。

Genuino 101在同一时间仅能监听一个软串口,当需要监听某一软串口时,需要该对象调用这个函数开启监听功能。

语法

```
mySerial.listen()
```

参数

无。

返回值

无。

3) isListening()

监测软串口是否正在监听状态。

语法

```
mySerial.isListening()
```

参数

无。

返回值

Boolean 型。

true：正在监听。

false：没有监听。

4) end()

停止监听软串口。

语法

```
mySerial.end()
```

参数

无。

返回值

Boolean 型。

true：关闭监听成功。

false：关闭监听失败。

5）overflow（）

检测缓冲区是否溢出。

语法

```
mySerial.overflow()
```

参数

无。

返回值

Boolean 型。

true：溢出。

false：没有溢出。

6.10.2　建立软串口通信

SoftwareSerial 类库是 Arduino IDE 默认提供的一个第三方类库，和硬件串口不同，其声明并没有包含在 Arduino 核心库中，因此要建立软串口通信，首先需要声明包含 SoftwareSerial.h 头文件，然后即可使用该类库中的构造函数，初始化一个软串口实例。如

```
SoftwareSerial mySerial(2, 3);
```

即是新建一个名为 mySerial 的软串口，并将 2 号引脚作为 RX 端，3 号引脚作为 TX 端。完整示例如下：

```
/ *
Genuino 101 软串口通信
 * /

# include < SoftwareSerial.h >
//实例化软串口
SoftwareSerial mySerial(2, 3);                    //RX, TX

void setup()
{
```

```
  Serial.begin(115200);
  while (!Serial) {
  }

  Serial.println("Goodnight moon!");

  mySerial.begin(9600);
  mySerial.println("Hello, world?");
}

void loop()
{
  if (mySerial.available())
    Serial.write(mySerial.read());
  if (Serial.available())
    mySerial.write(Serial.read());
}
```

在实际使用中,可能还会用到其他串口设备,如串口无线透传模块、串口传感器等,只要是标准串口设备,其程序的编写方法都基本相同。

6.10.3 同时使用多个软串口

当需要连接多个串口设备时,可以建立多个软串口,但限于软串口的实现原理,Genuino 101 只能同时监听一个软串口,当存在多个软串口设备时,需要使用 listen() 函数指定需要监听的设备。如程序中存在 portOne、portTwo 两个软串口对象时,要监听 portOne,就需要使用 portOne. listen()语句,要切换监听 portTwo,就使用 portTwo. listen() 语句。

示例程序如下:

```
/ *
Genuino 101 软串口通信
通过 listen()切换监听软串口
* /

# include < SoftwareSerial. h>
SoftwareSerial portOne(10, 11);
SoftwareSerial portTwo(8, 9);

void setup() {
```

```
  Serial.begin(9600);
  while (!Serial) {
  }

  portOne.begin(9600);
  portTwo.begin(9600);
}

void loop() {
//监听1号软串口
  portOne.listen();

  Serial.println("Data from port one:");
  while (portOne.available() > 0) {
    char inByte = portOne.read();
    Serial.write(inByte);
  }

  Serial.println();
//监听2号软串口
  portTwo.listen();

  Serial.println("Data from port two:");
  while (portTwo.available() > 0) {
    char inByte = portTwo.read();
    Serial.write(inByte);
  }

  Serial.println();
}
```

第7章

显 示 篇

7.1 认识显示设备

Arduino 除了可以通过串口输出数据外,还可以连接显示设备,将数据输出到显示设备上。例如,一个使用 Genuino 101 制作的空气质量检测设备,可以将传感器采集到的 PM2.5 值输出到显示屏上显示。

显示设备种类很多,不同尺寸、不同控制核心的显示设备,驱动方式都不相同。1602 LCD 是一种常见的字符型液晶显示器,因能显示 16×2 个字符而得名。但其只能显示常用字符和英文字母,因此使用场合有一定局限性。而本章讲解的图形点阵屏,不仅可以显示字符、字母,还能显示图形、图像,使用更为灵活,能满足更多项目的需求。

常用的显示设备有并行显示设备和串行显示设备,在第 5 章中有过相关论述,并行通信速度更快,但占用的 I/O 较多,Genuino 101 I/O 资源有限,因此更推荐使用 I/O 资源占用较少的串行通信设备。串行显示设备最常用的有两种接口:I²C 和 SPI 接口。

7.1.1　I²C 设备

I²C(Inter-Integrated Circuit)总线由飞利浦(Philips)半导体公司在 20 世纪 80 年代初设计,如图 7-1 所示,使用 I²C 协议可以通过两根双向的总线(数据线 SDA 和时钟线 SCL)让 Arduino 连接多个 I²C 从机设备。实现这种总线连接时,唯一需要的外部器件是每个总线上的上拉电阻。使用的大多数 Arduino 相关 I²C 模块上,通常已经加了上拉电阻,因此模块直接连接到 Arduino 的 I²C 接口即可。

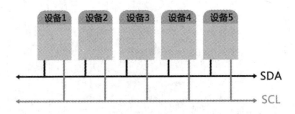

图 7-1　I²C 总线示意图

与串口的一对一通信方式不同,总线通信通常有主机(Master)、从机(Slave)之分。通信时,主机负责启动与终止数据传送,同时还要输出时钟信号;从机会被主机寻址,且响应主机的通信请求。

I²C 上的所有通信都是由主机发起的,总线上的设备都应该有各自的地址。主机可以通过这些地址向总线上任一设备发起连接,从机响应请求并建立连接后,便可进行数据传输。

在前面的章节学习中已经知道,串口通信双方需要事先约定同样的波特率,才能正常进行通信。而在 I²C 通信中,通信速率的控制由主机来完成,主机会通过 SCL 引脚输出时钟信号让总线上的所有从机使用。

同时,I²C 是一种半双工通信方式,总线上的设备通过 SDA 引脚传输通信数据,数据的发送和接收由主机控制,切换进行。

在 Genuino 101 上,I²C 引脚位于 AREF 引脚旁,见图 7-2。

本章示例使用的 OpenJumper 12864 OLED(图 7-3)即是一个提供 I²C 接口的显示设备。

图 7-2　Genuino 101 I²C 引脚位置

图 7-3　12864 OLED

在每个显示设备上都有一个控制核心,其负责接收 Genuino 101 传来的信号,并根据这些信号控制显示屏成像。OpenJumper 12864 OLED 使用的控制核心为 SSD1306。其可用引脚如表 7-1 所示。

表 7-1　12864 OLED 引脚

引　脚	说　明
＋	电源引脚,5V 供电
－	接地引脚
RST	复位引脚
ADD	I^2C 地址选择引脚(高:0x3C;低:0x3D)
SCL	I^2C 时钟引脚
SDA	I^2C 数据引脚

OpenJumper 12864 OLED 提供了 I^2C 接口,只要将其与 Genuino 101 I^2C 接口连接,即可使用。引脚连接方式如表 7-2 所示。

表 7-2　OLED 与 Genuino 101 连接端

OpenJumper 12864 OLED 端	Genuino 101 端
SDA	SDA
SCL	SCL
RST	任意数字引脚
＋	5V
－	GND

简而言之,I^2C 设备的 I^2C 引脚应与 Genuino 101 的 I^2C 引脚对应连接,其他功能引脚可接到 Genuino 101 任意数字引脚上。

7.1.2　SPI 设备

串行外设接口(Serial Peripheral Interface,SPI)是 Genuino 101 自带的一种高速通信接口,通过它可以连接使用同样接口的外部设备,如本章使用的 SPI 显示屏和后续章节中的 SPI Flash 芯片。

SPI 也是一种总线通信方式,Genuino 101 可以通过 SPI 接口连接多个从设备,并通过程序选择单一设备连接使用。图 7-4 所示为多 SPI 设备的连接方法。

一个 SPI 设备中,通常会有如表 7-3 所示的几个引脚。

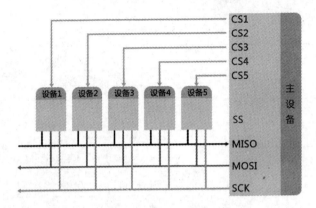

图 7-4   SPI 总线示意图

表 7-3   通信引脚

引　　脚	功能说明
MISO（Master In Slave Out）	主机数据输入，从机数据输出
MOSI（Master Out Slave In）	主机数据输出，从机数据输入
SCK（Serial Clock）	用于通信同步的时钟信号，该时钟信号由主机产生
SS（Slave Select）或 CS（Chip Select）	从机使能信号，由主机控制

在 SPI 总线中也有主从机之分，主机负责输出时钟信号及选择通信的从设备，时钟信号会通过主机的 SCK 引脚输出，提供给通信从机使用。而对于通信从机的选择，由从机上的 CS 引脚决定，当 CS 脚为低电平时，该从机被选中，当 CS 脚为高电平时，该从机被断开。数据的收发通过 MISO 和 MOSI 进行。

在 Genuino 101 上带有 6 针 ICSP 引脚，可以通过 ICSP 引脚使用 SPI 总线。ICSP 引脚对应的 SPI 接口如图 7-5 所示。

在大多数情况下，Genuino 101 都是作为主机使用，如果在 Genuino 101 SPI 总线上连接了多个 SPI 从设备，那么在使用某个从设备时，需要将该从设备的 CS 脚拉低，以选中这个设备，此外还需要将其他从设备的 CS 引脚拉高，以释放这些暂时未使用的设备。每次切换连接不同的从设备时，都需要进行这样的操作以选择从设备。

需要注意的是，虽然 SS 引脚只有作为从机时才会使用。但即使不使用 SS 引脚，也需要将其保持为输出状态，否则会造成 SPI 无法使用的情况。

本章示例使用 OpenJumper MINI12864 LCD（图 7-6）显示屏作为 SPI 接口的显示设备。

其使用的控制核心为 UC1701，可用引脚如表 7-4 所示。

图 7-5　Genuino 101 SPI 接口　　　　图 7-6　OpenJumper MINI 12864 LCD

表 7-4　MINI12864 引脚

引　　脚	说　　明
A0	数据/指令选择引脚
RST	复位引脚
CS	设备选择应缴
SCK	时钟引脚
MOSI	数据输入引脚
GND	接地引脚
Vcc	电源引脚 3.3～5V 供电
LED	背光引脚,低电平亮

该显示模块没有引出 MISO 引脚,这是因为大部分情况下,其都是作为数据接收方,而不用发送数据。

OpenJumper MINI12864 提供了 SPI 接口,只用将其与 Genuino 101 SPI 接口连接即可使用。引脚连接方式如表 7-5 所示。

表 7-5　MINI12864 与 Genuino 101 连接

MINI12864 端	Genuino 101 端
A0(DC)	任意数字引脚
RST	任意数字引脚
CS	任意数字引脚
SCK	SCK
MOSI	MOSI
GND	GND
Vcc	5V
LED	GND

其他 SPI 设备连接方式与此类似,即 SPI 引脚对应相连,其他功能引脚连接到 Genuino 101 上的任意数字引脚。

7.2　u8g2 标准库

不同的显示设备可能有不同的控制核心(如 SSD1306 和 UC1701),还可能使用不同的通信方式(如 I^2C、SPI 及并行通信),因此驱动这些设备的方式也不相同。本章使用的显示设备驱动库 u8g2 库支持多种控制核心及多种通信方式,可以方便地驱动多种显示设备。

u8glib 是 Arduino 上使用最为广泛的单色图形显示库,而 u8g2 是第二代 u8g 库。

可以通过 Arduino IDE 菜单"项目→加载库→管理库"打开库管理器并搜索 u8g2,然后安装 u8g2 库,如图 7-7 所示。

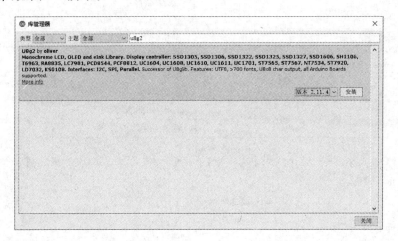

图 7-7　u8g2 库

也可以在以下网址下载安装: http://clz.me/101-book/download/。

由于 u8g2 库的函数较多,本章不一一介绍,相关函数参考可见: https://github.com/olikraus/u8g2/wiki。

安装完成后,即可使用该库。使用 u8g2 库需引用头文件 U8g2lib.h,如下:

```
#include <U8g2lib.h>
```

并根据实际使用的显示设备新建显示对象。

7.2.1 新建设备对象

通过 Arduino IDE 菜单"文件→示例→U8g2→full_buffer"打开任一示例程序,可看到许多被注释的语句,见图 7-8。

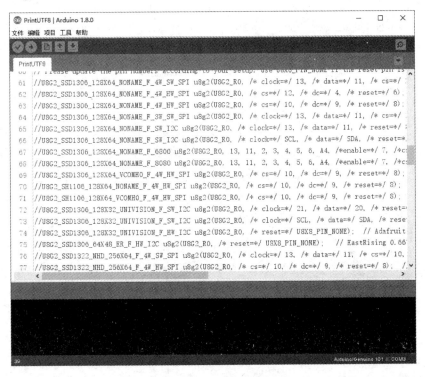

图 7-8 示例程序中被注释的语句

这些语句都是新建显示设备对象的语句。通常,找到当前使用设备对应的语句并取消注释,即可新建设备对象。同一控制核心的显示设备在 u8g2 中有多个类名,其对应了不同驱动方式。因为 Genuino 101 有较大的存储空间,所以本书示例中选择耗费存储空间较多但速度更快的驱动方式。

本书示例中使用的 OpenJumper 12864 OLED 新建对象语句如下:

```
#define rst 2
U8G2_SSD1306_128X64_NONAME_F_HW_I2C u8g2(U8G2_R0 , rst);
```

OpenJumper MINI12864 新建对象语句如下:

```
#define cs 10
#define dc 9
#define rst 8
U8G2_UC1701_EA_DOGS102_F_4W_HW_SPI u8g2(U8G2_R0, cs , dc, rst);
```

以上为使用硬件 I^2C/SPI 进行通信的方式,除此以外,还可以使用软件模拟 I^2C/SPI 通信的方式驱动显示设备。

OpenJumper 12864 OLED 使用软件模拟 I^2C 方式新建对象语句如下:

```
#define SCL 2
#define SDA 3
#define rst 4
U8G2_SSD1306_128X64_NONAME_F_SW_I2C u8g2(U8G2_R0, SCL, SDA,rst);
```

OpenJumper MINI12864 使用软件模拟 SPI 方式新建对象语句如下:

```
#define sck 2
#define mosi 3
#define cs 4
#define dc 5
#define rst 6
U8G2_UC1701_EA_DOGS102_F_4W_SW_SPI u8g2(U8G2_R0, sck , mosi , cs , dc , rst);
```

类似前面章节介绍的软件模拟串口通信,软件模拟通信可以使用任意数字 I/O 进行通信,但会消耗更多的资源。因此,在条件允许的情况下,应尽量使用硬件 I^2C/SPI 进行通信。

建立了设备对象后,即可使用名称为 u8g2 的对象表示当前设备。

还需知晓的是,构造函数的第一个参数为画面旋转镜像参数。在实际使用中,显示设备的安装位置可能有所变化,通过使用不同的参数可以将整个显示内容进行翻转或镜像。旋转镜像参数可使用的参数值如表 7-6。

表 7-6　旋转镜像参数值表

参 数 值	说　　明
U8G2_R0	正常显示
U8G2_R1	顺时针旋转 90°
U8G2_R2	顺时针旋转 180°
U8G2_R3	顺时针旋转 270°
U8G2_MIRROR	镜像显示

7.2.2 初始化与缓冲区操作

在显示图像前,还需要在 setup 中使用 begin 函数对显示设备进行初始化操作,语句如下:

```
void setup(void) {
  u8g2.begin();
}
```

新建对象并进行初始化操作后,即可操作设备显示图像。

在使用 u8g2 库时,有一个用于暂存数据的存储空间,即缓冲区。在显示图像时,Genuino 101 需要先将图像数据暂存到缓冲区,然后再将这段数据传递给显示设备,并让显示设备显示图像。具体操作如下:

```
u8g2.clearBuffer();            //清空缓冲区

/*
相关显示控制代码
*/

u8g2.sendBuffer();            //显示缓冲区内容
```

其中,clearBuffer 函数用于清空缓冲区,以备接收下一次的显示数据。清空缓冲区后的显示相关操作,都会将新的数据写入到缓冲区。sendBuffer 函数用于将缓冲数据显示到屏幕上。

7.2.3 文本显示

文本显示是 u8g2 最常用的功能,以下代码可以在显示设备上输出文本 Hello World。

```
/*
使用 u8g2 显示字符串
图形显示器:OpenJumper 12864 OLED
设备核心:SSD1306
控制器:Genuino 101
*/

# include <U8g2lib.h>
```

```
#define rst 2
U8G2_SSD1306_128X32_UNIVISION_F_HW_I2Cu8g2(U8G2_R0,rst);

void setup(void) {
  u8g2.begin();
}


void loop(void) {
  u8g2.clearBuffer();              //清空缓冲区
  u8g2.setFont(u8g2_font_ncenB14_tr);   //选择一个合适的字体
  u8g2.drawStr(0 , 15 ,"Hello World!");  //将数据存在缓冲区
  u8g2.sendBuffer();               //显示缓冲区内容
  delay(1000);
}
```

编译并上传以上程序到 Genuino 101，可见显示设备显示出 Hello World 字样。

如上示例，显示文本时，需要先使用 setFont() 函数指定显示的字体：

```
setFont(font)
```

参数 font 即是要设定的字体。

u8g2 支持多种不同大小的字体，程序中用的 u8g2_font_ncenB14_tr 即是其中一种字体。可以在以下地址查询 u8g2 可显示的字体：http://clz.me/101-book/more/。

指定好字体后，便可以用 drawStr() 输出需要显示的字符：

```
drawStr(x, y, string)
```

参数 x、y 用于指定字符的显示位置，参数 string 为要显示的字符。

在图形液晶上，左上角为坐标原点，x、y 所指定的位置为字符左下角的点坐标，例如使用以下语句时：

```
u8g2.setFont(u8g2_font_ncenB14_tr);
u8g2.drawStr(0,15,"Hello World!");
```

会获得如图 7-9 的显示效果。

使用以下方法可以旋转文字的输出方向：

```
u8g2.setFont(u8g2_font_ncenB14_tf);
u8g2.setFontDirection(0);
u8g2.drawStr(15, 20, "Abc");
u8g2.setFontDirection(1);
u8g2.drawStr(15, 20, "Abc");
```

效果如图 7-10 所示。

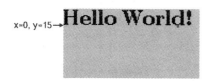

图 7-9　显示字符

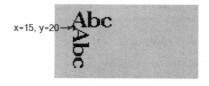

图 7-10　旋转字符

7.2.4　数据显示

drawStr()函数只能显示字符串,如果要使用它显示数据到 LCD,那需要先将数据转换为字符串,再调用 drawStr()函数完成显示。

不过这就显得有点麻烦,为此 u8g2 还提供 print 函数:

```
print(data)
```

它可以用于输出任意类型的数据。

在使用 print()函数之前,仍然要使用 setFont 指定显示的字体,但与 drawStr 不同的是,print()函数输出的字符的显示位置还需要提前使用 setCursor()函数指定。

```
setCursor ( x, y)
```

参数 x、y 用于指定字符的显示位置。

下面例程中展示了 drawStr 和 print 函数的使用区别。

```
/*
使用 u8g2 显示数据
图形显示器:OpenJumper 12864 OLED
设备核心:SSD1306
控制器:Genuino 101
*/
# include <U8g2lib.h>
```

```
#define rst 2
U8G2_SSD1306_128X64_NONAME_F_HW_I2C u8g2(U8G2_R0 , rst);
int n = 0;
char str[9];

void setup(void) {
  u8g2.begin();
  u8g2.setFont(u8g2_font_ncenB14_tr);
}

void loop(void) {
  u8g2.clearBuffer();

//使用drawStr输出数据,需将数据先转换成字符串
  u8g2.drawStr(0, 14, "drawStr:");
  itoa(n,str,10);
  u8g2.drawStr(90, 14, str);
  u8g2.setCursor(0, 55);

//使用print输出数据,需先使用setCursor函数设置显示位置
  u8g2.print("print:");
  u8g2.setCursor(90, 55);
  u8g2.print(n);

  u8g2.sendBuffer();
  delay(1000);
n++;
  }
```

编译并上传以上程序后,可以看到使用 drawStr 和 print 实现了同样数据输出效果。以上示例仅为数据输出演示,还可以尝试将传感器数据或者其他数据显示到显示设备上。

7.2.5　中文显示

u8g2 中带有 UTF8 字符输出功能,其集成了部分中文字模,因此可以进行中文显示。需要注意的是,输出 UTF8 会占用大量的存储空间。

在 setup 中添加如下语句:

```
u8g2.enableUTF8Print()
```

开启 UTF8 显示功能,然后指定字体,即可输出中文。

u8g2 提供了三组中文字体,分别是 u8g2_font_unifont_t_chinese1、u8g2_font_unifont_t_chinese2、u8g2_font_unifont_t_chinese3。

其中,u8g2_font_unifont_t_chinese3 包含的中文较多,一般使用它即可显示常见的中文。

显示部分示例如下:

```
/*
使用 u8g2 显示中文
图形显示器:OpenJumper 12864 OLED
设备核心:SSD1306
控制器:Genuino 101
*/

#include <U8g2lib.h>

#define rst 2
U8G2_SSD1306_128X32_UNIVISION_F_HW_I2C u8g2(U8G2_R0 , rst);

void setup(void) {
  u8g2.begin();
  u8g2.enableUTF8Print();          //开启 UTF8 字符输出功能
}

void loop(void) {
  u8g2.setFont(u8g2_font_unifont_t_chinese3);
  u8g2.clearBuffer();
  u8g2.drawStr(15, 20, "你好世界");
  u8g2.sendBuffer();
  delay(1000);
}
```

7.2.6 绘制图形

u8g2 还提供了一些绘图函数,用于在 LCD 上绘制简单的图形。如绘制一个矩形:

```
drawFrame()
```

使用以下语句：

```
u8g2.drawFrame(3,7,25,15);
```

可以得到如图 7-11 所示的矩形，其左上角坐标为(3,7)，长 25 个像素，高 15 个像素。

绘制一个实心矩形：

```
drawBox()
```

使用以下语句：

```
u8g2.drawBox(3,7,25,15);
```

即可得到如图 7-12 所示的效果。

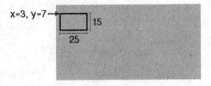

图 7-11　绘制矩形

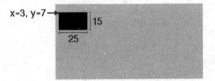

图 7-12　绘制实心矩形

绘制三角形：

```
drawTriangle()
```

使用以下语句：

```
u8g2.drawTriangle(20,5, 27,50, 5,32);
```

即可得到如图 7-13 所示的效果。

绘制圆形：

```
drawCircle()
```

使用以下语句：

```
u8g2.drawCircle(20, 25, 10, U8G2_DRAW_ALL);
```

即可得到如图 7-14 所示的效果,即一个圆心坐标为(20,25),半径 10 的圆形。

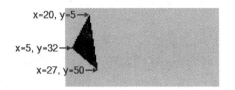

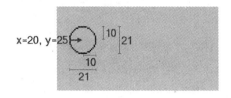

图 7-13　绘制三角形　　　　　　　　　图 7-14　绘制圆形

还可以添加以下参数用于绘制 1/4 圆弧:

```
U8G_DRAW_UPPER_RIGHT
U8G_DRAW_UPPER_LEFT
U8G_DRAW_LOWER_LEFT
U8G_DRAW_LOWER_RIGHT
```

如使用 u8g.drawCircle(20,20,14,U8G_DRAW_UPPER_RIGHT),则绘制了一个右上部分的 1/4 圆弧。

绘制直线:

```
drawLine()
```

给定两个坐标点,绘制一条直线。例如:

```
u8g2.drawLine(20, 5, 5, 32);
```

效果如图 7-15 所示。

绘制一个点:

```
drawPixel()
```

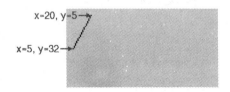

图 7-15　绘制线段

使用以下语句:

```
u8g.drawPixel(14,23)
```

可以在坐标为(14,23)的位置绘制一个点。

可以自己尝试使用这些函数,在图形液晶显示器上绘制一些简单的图像。

7.2.7　图片显示

一些简单的图形可以使用以上的图形绘制函数,但如果要显示一个复杂的图片,使用这些函数进行绘制就比较麻烦了。u8glib 库提供的位图绘制功能正好可以解决这个问题。

由于 Genuino 101 无法直接存储图片文件,且图片文件中也有许多信息是当前显示设备无法显示的,因此需要将图片文件转换为一个可在程序中表示的数组进行保存,这个转换过程称之为取模。

图像数组定义方式如下:

```
static unsigned char bitmapName = {
//通过取模得到的位图数据
}
```

取模前需要先准备一张图片,分辨率不可超过当前显示设备的分辨率(这里使用的 12864 OLED 分辨率即为 128×64),如图 7-16 所示为一张 50×50 像素的图片。

然后通过取模软件或工具进行取模。这里可通过如下网址使用取模工具取模:http://clz.me/101-book/download/。

在该工具中,上传要转换的图片文件,即可获得如下的一个图像数组:

图 7-16　一张 50×50 像素的图片

```
const unsigned char huaji [] = {
0x00,0x00,0xf0,0x3f,0x00,0x00,0x00,0x00,0x00,0xfe,0xff,0x01,0x00,0x00,
0x00,0xc0,0x0f,0xc0,0x0f,0x00,0x00,0x00,0xf0,0x01,0x00,0x3e,0x00,0x00,
0x00,0x38,0x00,0x00,0x70,0x00,0x00,0x00,0x1e,0x00,0x00,0xe0,0x00,0x00,
0x00,0x07,0x00,0x00,0x80,0x03,0x00,0x80,0x03,0x00,0x00,0x00,0x07,0x00,
0xc0,0x01,0x00,0x00,0x00,0x0e,0x00,0xe0,0x00,0x00,0x00,0x00,0x1c,0x00,
0x60,0x00,0x00,0x00,0x00,0x18,0x00,0x30,0x00,0x00,0x00,0x00,0x30,0x00,
0x18,0xff,0x00,0x00,0xff,0x71,0x00,0xd8,0x00,0x03,0x80,0x01,0x66,0x00,
0x7c,0x00,0x04,0xe0,0x00,0xc8,0x00,0x1c,0x00,0x08,0x30,0x00,0xd0,0x00,
0xec,0x01,0x10,0xd8,0x03,0xe0,0x00,0xe6,0x01,0x20,0xc8,0x03,0xc0,0x01,
0xe6,0x01,0x20,0xc8,0x03,0xc0,0x01,0xe6,0x01,0x20,0xc8,0x03,0xc0,0x01,
0x07,0x00,0x20,0x08,0x00,0x40,0x01,0x0b,0x7c,0x20,0x08,0x38,0x60,0x01,
0x13,0x87,0x19,0x10,0xc6,0x10,0x01,0xe3,0x01,0x0f,0xe0,0x01,0x0f,0x01,
0x03,0x00,0x00,0x00,0x00,0x00,0x01,0x03,0x00,0x00,0x00,0x00,0x00,0x01,
0x03,0x00,0x00,0x00,0x00,0x00,0x01,0x03,0x00,0x00,0x00,0x00,0x00,0x01,
0x03,0x00,0x00,0x00,0x00,0x00,0x01,0x03,0x00,0x00,0x00,0x00,0x00,0x01,
0x06,0x00,0x00,0x00,0x00,0x80,0x01,0x86,0x01,0x00,0x00,0x00,0x86,0x01,
```

```
0x06,0x01,0x00,0x00,0x00,0x82,0x01,0x0c,0x02,0x00,0x00,0x00,0xc3,0x00,
0x0c,0x06,0x00,0x00,0x80,0xc1,0x00,0x0c,0x0c,0x00,0x00,0x80,0xc0,0x00,
0x18,0x18,0x00,0x00,0xc0,0x60,0x00,0x38,0x30,0x00,0x00,0x60,0x70,0x00,
0x30,0x60,0x00,0x00,0x38,0x30,0x00,0x60,0xc0,0x00,0x00,0x0c,0x18,0x00,
0xc0,0x80,0x03,0x00,0x07,0x0c,0x00,0xc0,0x01,0x0e,0xc0,0x01,0x0e,0x00,
0x80,0x03,0x38,0x78,0x00,0x07,0x00,0x00,0x07,0xe0,0x1f,0x80,0x03,0x00,
0x00,0x1e,0x00,0x00,0xe0,0x00,0x00,0x00,0x38,0x00,0x00,0x78,0x00,0x00,
0x00,0xf0,0x01,0x00,0x3e,0x00,0x00,0x00,0xc0,0x0f,0xc0,0x0f,0x00,0x00,
0x00,0x00,0xfe,0xff,0x01,0x00,0x00,0x00,0x00,0xe0,0x1f,0x00,0x00,0x00,
};
```

要显示这个位图数组,还需用到 drawXBM 函数:

```
drawXBM( x, y, width, height, bitmap)
```

以点(x,y)为左上角,绘制一个宽 width,高 height 的位图,参数 bitmap 即位图数组。图片显示示例程序如下:

```
/*
使用 u8g2 显示图片
图形显示器:OpenJumper 12864 OLED
设备核心:SSD1306
控制器:Genuino 101
*/

#include <U8g2lib.h>

#define rst 2
U8G2_SSD1306_128X64_NONAME_F_HW_I2C u8g2(U8G2_R0 , rst);

//图片数据
const unsigned char huaji [] = {
0x00,0x00,0xf0,0x3f,0x00,0x00,0x00,0x00,0x00,0xfe,0xff,0x01,0x00,0x00,
0x00,0xc0,0x0f,0xc0,0x0f,0x00,0x00,0x00,0xf0,0x01,0x00,0x3e,0x00,0x00,
0x00,0x38,0x00,0x00,0x70,0x00,0x00,0x00,0x1e,0x00,0x00,0xe0,0x00,0x00,
0x00,0x07,0x00,0x00,0x80,0x03,0x00,0x80,0x03,0x00,0x00,0x00,0x07,0x00,
0xc0,0x01,0x00,0x00,0x00,0x0e,0x00,0xe0,0x00,0x00,0x00,0x00,0x1c,0x00,
0x60,0x00,0x00,0x00,0x00,0x18,0x00,0x30,0x00,0x00,0x00,0x00,0x30,0x00,
0x18,0xff,0x00,0x00,0xff,0x71,0x00,0xd8,0x00,0x03,0x80,0x01,0x66,0x00,
0x7c,0x00,0x04,0xe0,0x00,0xc8,0x00,0x1c,0x00,0x08,0x30,0x00,0xd0,0x00,
0xec,0x01,0x10,0xd8,0x03,0xe0,0x00,0xe6,0x01,0x20,0xc8,0x03,0xc0,0x01,
0xe6,0x01,0x20,0xc8,0x03,0xc0,0x01,0xe6,0x01,0x20,0xc8,0x03,0xc0,0x01,
```

```
0x07,0x00,0x20,0x08,0x00,0x40,0x01,0x0b,0x7c,0x20,0x08,0x38,0x60,0x01,
0x13,0x87,0x19,0x10,0xc6,0x10,0x01,0xe3,0x01,0x0f,0xe0,0x01,0x0f,0x01,
0x03,0x00,0x00,0x00,0x00,0x00,0x01,0x03,0x00,0x00,0x00,0x00,0x00,0x01,
0x03,0x00,0x00,0x00,0x00,0x00,0x01,0x03,0x00,0x00,0x00,0x00,0x00,0x01,
0x03,0x00,0x00,0x00,0x00,0x00,0x01,0x03,0x00,0x00,0x00,0x00,0x00,0x01,
0x06,0x00,0x00,0x00,0x00,0x80,0x01,0x86,0x01,0x00,0x00,0x00,0x86,0x01,
0x06,0x01,0x00,0x00,0x00,0x82,0x01,0x0c,0x02,0x00,0x00,0x00,0xc3,0x00,
0x0c,0x06,0x00,0x00,0x80,0xc1,0x00,0x0c,0x0c,0x00,0x00,0x80,0xc0,0x00,
0x18,0x18,0x00,0x00,0xc0,0x60,0x00,0x38,0x30,0x00,0x00,0x60,0x70,0x00,
0x30,0x60,0x00,0x00,0x38,0x30,0x00,0x60,0xc0,0x00,0x00,0x0c,0x18,0x00,
0xc0,0x80,0x03,0x00,0x07,0x0c,0x00,0xc0,0x01,0x0e,0xc0,0x01,0x0e,0x00,
0x80,0x03,0x38,0x78,0x00,0x07,0x00,0x00,0x07,0xe0,0x1f,0x80,0x03,0x00,
0x00,0x1e,0x00,0x00,0xe0,0x00,0x00,0x00,0x38,0x00,0x00,0x78,0x00,0x00,
0x00,0xf0,0x01,0x00,0x3e,0x00,0x00,0x00,0xc0,0x0f,0xc0,0x0f,0x00,0x00,
0x00,0x00,0xfe,0xff,0x01,0x00,0x00,0x00,0x00,0xe0,0x1f,0x00,0x00,0x00,
};

void setup(void) {
  u8g2.begin();
}

void loop(void) {
  u8g2.clearBuffer();              //清空缓冲区
  u8g2.drawXBMP( 39 , 0 , 50 , 50 , huaji );
  u8g2.sendBuffer();               //显示缓冲区内容
  delay(1000);
}
```

下载以上程序后,显示设备可以显示出如图 7-17 所示的效果。

借助图片显示功能,还可以将中文或其他字符进行取模,并输出到显示设备上,除此之外,还可以在显示设备上显示简单的动画。动画效果其实就是不断刷新显示的内容,可以通过改变图片或者图形的坐标位置实现简单的位移动画,也可以输出一系列连续的图片来组合成一段动画。

图 7-17   图片显示效果

第8章

CurieIMU库的使用

惯性测量单元(Inertial Measurement Unit,IMU)是测量物体角速度以及加速度的装置。它广泛应用于航空航天、机器人、自动化等领域,生活中常见的手机、飞行器、可穿戴设备通常都搭载有IMU。

Intel Curie 是针对可穿戴设计的模组,其集成了一个 BMI160 IMU,可以用于检测姿态,Arduino 官方提供了用于读取该传感器数据的 CuireIMU 库。

8.1 配置 IMU 及获取数据

使用该库必须先调用头文件 CurieIMU.h,并在 setup 函数中进行初始化,初始化语句如下:

```
CurieIMU.begin();
```

初始化后,可以使用如下语句对 IMU 进行配置:

```
CurieIMU.setAccelerometerRate(float rate)
```

设置加速度计采样频率(单位 Hz),默认为 100,可用设置参数如下:

```
12.5
25
```

```
50
100
200
400
800
1600
CurieIMU.setAccelerometerRange(int range);
```

设置加速度仪测量范围,默认为2,可用设置参数如下:

```
2 ( + / - 2g)
4 ( + / - 4g)
8 ( + / - 8g)
16 ( + / - 16g)
CurieIMU.setGyroRate(int rate)
```

设置陀螺仪采样频率(单位 Hz),默认为100,可用设置参数如下:

```
25
50
100
200
400
800
1600
3200
CurieIMU.setGyroRange(int range)
```

设置陀螺仪测量范围,默认为250,可用设置参数如下:

```
2000 ( + / - 2000°/s)
1000 ( + / - 1000°/s)
500 ( + / - 500°/s)
250 ( + / - 250°/s)
125 ( + / - 125°/s)
```

由于制造、装配等原因,可能使得 IMU 产生测量误差。在实际使用中,通常会先对 IMU 进行校准。CurieIMU 已经提供了校准 API,可以在 setup()函数添加以下代码,对 IMU 进行校准。需注意,校准时 Genuino 101 应正面朝上,水平静止放置。

```
//陀螺仪自动校准
CurieIMU.autoCalibrateGyroOffset();
//加速度自动计校准
CurieIMU.autoCalibrateAccelerometerOffset(X_AXIS, 0);
CurieIMU.autoCalibrateAccelerometerOffset(Y_AXIS, 0);
CurieIMU.autoCalibrateAccelerometerOffset(Z_AXIS, 1);
```

在初始化并配置了相关参数后,即可进行 IMU 数据采集。CurieIMU 库提供了多个获取姿态数据的函数,使用方法如下:

```
int ax, ay, az;        //加速度计数据
int gx, gy, gz;        //陀螺仪数据

//读取姿态数据
CurieIMU.readMotionSensor(int ax, int ay, int az, int gx, int gy, int gz)

//分别读取加速度计和陀螺仪数据
CurieIMU.readAccelerometer(int ax, int ay, int az)
CurieIMU.readGyro(int gx, int gy, int gz)

//分别读取加速度计和陀螺仪每个轴的数据
ax = CurieIMU.readAccelerometer(X_AXIS);
ay = CurieIMU.readAccelerometer(Y_AXIS);
az = CurieIMU.readAccelerometer(Z_AXIS);
gx = CurieIMU.readGyro(X_AXIS);
gy = CurieIMU.readGyro(Y_AXIS);
gz = CurieIMU.readGyro(Z_AXIS);
```

可以通过以下程序读取 IMU 原始数据,并串口输出:

```
# include "CurieIMU.h"
int ax, ay, az;
int gx, gy, gz;

void setup() {
  Serial.begin(9600);
  while (!Serial);
  CurieIMU.begin();
}

void loop() {
  //读取 IMU 数据
```

```
    CurieIMU.readMotionSensor(ax, ay, az, gx, gy, gz);

  //其他读取方式
  //CurieIMU.readAccelerometer(ax, ay, az)
  //CurieIMU.readGyro(gx, gy, gz)

    //ax = CurieIMU.readAccelerometer(X_AXIS);
    //ay = CurieIMU.readAccelerometer(Y_AXIS);
    //az = CurieIMU.readAccelerometer(Z_AXIS);
    //gx = CurieIMU.readGyro(X_AXIS);
    //gy = CurieIMU.readGyro(Y_AXIS);
    //gz = CurieIMU.readGyro(Z_AXIS);

  //串口输出数据
  Serial.print("a/g:\t");
  Serial.print(ax);
  Serial.print("\t");
  Serial.print(ay);
  Serial.print("\t");
  Serial.print(az);
  Serial.print("\t");
  Serial.print(gx);
  Serial.print("\t");
  Serial.print(gy);
  Serial.print("\t");
  Serial.println(gz);
  }
```

　　该程序只是获取到了传感器输出原始数据,可读性差,实际应用一般还需经过处理,从而计算出加速度和角速度值。

　　要得到加速度(单位 g),需要使用如下公式进行转换:

```
  float g = (gRaw/32768.0) * CurieIMU.getAccelerometerRange()
```

　　CurieIMU.getGyroRange()为当前传感器设置的检测范围,如果用户没有设置,则为默认值。

　　实现函数如下:

```
  float convertRawAcceleration(int aRaw) {
    float a = (aRaw * CurieIMU.getAccelerometerRange() ) / 32768.0;
    return a;
  }
```

要得到角速度(单位°/s),需要使用如下公式进行转换:

```
float av = ( avRaw/32768.0) * CurieIMU.getGyroRange()
```

CurieIMU.getGyroRange()为当前传感器设置的检测范围,如果用户没有设置,则为默认值。

实现函数如下:

```
float convertRawGyro(int gRaw) {
    float g = (gRaw * CurieIMU.getGyroRange()) / 32768.0;
    return g;
}
```

8.2　解算 AHRS 姿态

一些情况下不会直接使用到加速度和角速度数据,而是通过这两个数据计算出姿态数据再使用。本章使用航姿参考系统(Attitude and Heading Reference System,AHRS)来表示 Genuino 101 的姿态信息。

如图 8-1 所示的 AHRS 包含多个轴向传感器,能够为飞行器提供航向 heading,俯仰 pitch 和侧翻 roll 信息,这类系统用来为飞行器提供准确可靠的姿态与航行信息。除了飞行器上常使用外,AHRS 也可以用在其他很多领域。

Madgwick 是一个多传感器数据融合姿态算法库,使用它可以简单直接地计算出 AHRS 姿态数据。

通过 Arduino IDE 菜单"项目→加载库→管理库"打开库管理器,搜索 Madgwick,即可看到 Madgwick 库,单击"安装"按钮进行安装。见图 8-2。

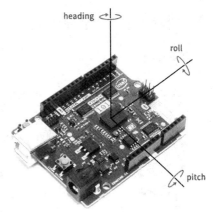

图 8-1　AHRS

安装完成后,即可开始使用 Madgwick 库。通过 Madgwick 库获取姿态数据只需三步。

1. 引用库并实例化一个 Madgwick 滤波器

代码如下:

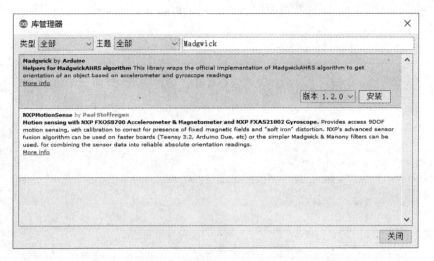

图 8-2　安装 Madgwick 库

```
# include < MadgwickAHRS.h >
Madgwick filter;
```

2. 使用 updateIMU 函数进行姿态运算

代码如下：

```
filter.updateIMU(gx, gy, gz, ax, ay, az);
```

这里引入的参数为角速度和加速度。

3. 获取姿态数据

代码如下：

```
float roll, pitch, heading;
roll = filter.getRoll();
pitch = filter.getPitch();
heading = filter.getYaw();
```

下面将把计算出的 AHRS 姿态数据以可视化方式呈现。

8.3 姿态数据可视化

数据可视化是当前计算机应用的热门方向,通常是将真实世界中的数据通过计算机进行处理,转换成图形图像的方式呈现。本节将会使用 Processing 将 Genuino 101 的姿态数据呈现到电脑上。

Processing 是一门针对数字艺术设计的计算语言,是 Java 语言的延伸,语法简单易懂。现已被广泛应用于视觉艺术、数据可视化、原型制作、上位机开发等领域,有成千上万的学生、艺术家、设计师、爱好者都在学习 Processing 或使用 Processing 进行开发。

利用 Processing 可以轻松将 Arduino 采集到的数据以可视化的方式呈现出来。实现思路为:使用 Genuino 101 采集 IMU 模块数据,并串口输出 AHRS 姿态数据到 PC,再利用 Processing 绘制出 Genuino 101 模型,并同步显示姿态变化。

Processing 可以在 Windows、MAC OS、Linux 等操作系统上使用,目前最新版本为 Processing 3。Processing 开源且免费,下载地址为 https://processing.org/download/。

本节示例程序来自 Madgwick 库示例,可通过 Arduino IDE 菜单"文件→示例→Madgwick→Visualize101"打开。Genuino 101 端可视化示例程序如下。

```
# include < CurieIMU. h >
# include < MadgwickAHRS. h >

Madgwick filter;
unsigned long microsPerReading, microsPrevious;
float accelScale, gyroScale;

void setup() {
  Serial. begin(9600);

  //初始化 IMU 和滤波器
  CurieIMU. begin();
  CurieIMU. setGyroRate(25);
  CurieIMU. setAccelerometerRate(25);
  filter. begin(25);

  //设置加速度计测量范围为 2g
  CurieIMU. setAccelerometerRange(2);
  //设置陀螺仪测量范围为 + / − 250°/s
  CurieIMU. setGyroRange(250);
```

```
    //初始化用于调整更新速率的变量
    microsPerReading = 1000000 / 25;
    microsPrevious = micros();

    //陀螺仪校准
    Serial.print("Starting Gyroscope calibration and enabling offset compensation...");
    CurieIMU.autoCalibrateGyroOffset();
    Serial.println(" Done");

    //加速度计校准
    Serial.print("Starting Acceleration calibration and enabling offset compensation...");
    CurieIMU.autoCalibrateAccelerometerOffset(X_AXIS, 0);
    CurieIMU.autoCalibrateAccelerometerOffset(Y_AXIS, 0);
    CurieIMU.autoCalibrateAccelerometerOffset(Z_AXIS, 1);
    Serial.println(" Done");
}

void loop() {
    int aix, aiy, aiz;
    int gix, giy, giz;
    float ax, ay, az;
    float gx, gy, gz;
    float roll, pitch, heading;
    unsigned long microsNow;

    //按设定读取频率,读取数据并更新滤波器
    microsNow = micros();
    if (microsNow - microsPrevious >= microsPerReading) {

        //读取 IMU 原始数据
        CurieIMU.readMotionSensor(aix, aiy, aiz, gix, giy, giz);

        //convert from raw data to gravity and degrees/second units
        ax = convertRawAcceleration(aix);
        ay = convertRawAcceleration(aiy);
        az = convertRawAcceleration(aiz);
        gx = convertRawGyro(gix);
        gy = convertRawGyro(giy);
        gz = convertRawGyro(giz);

        //更新滤波器,并进行相关运算
        filter.updateIMU(gx, gy, gz, ax, ay, az);
        //获取并输出 AHRS 姿态数据
        roll = filter.getRoll();
```

```
            pitch = filter.getPitch();
            heading = filter.getYaw();
            Serial.print("Orientation: ");
            Serial.print(heading);
            Serial.print(" ");
            Serial.print(pitch);
            Serial.print(" ");
            Serial.println(roll);

            //计时
            microsPrevious = microsPrevious + microsPerReading;
        }
    }

    float convertRawAcceleration(int aRaw) {
        float a = (aRaw * 2.0) / 32768.0;
        return a;
    }

    float convertRawGyro(int gRaw) {
        float g = (gRaw * 250.0) / 32768.0;
        return g;
    }
```

本书篇幅有限，这里不对 Processing 编程进行过多讲解，关于 Processing 编程相关资料可见 Processing 官方网站：https://processing.org/。

Processing 端程序如下：

```
    import processing.serial.*;
    Serial myPort;

    float yaw = 0.0;
    float pitch = 0.0;
    float roll = 0.0;

    void setup()
    {
        size(600, 500, P3D);

        //if you have only ONE serial port active
        //myPort = new Serial(this, Serial.list()[0], 9600);
                                                //if you have only ONE serial port active
```

```
    //if you know the serial port name
    myPort = new Serial(this, "COM5", 9600);                      //Windows
    //myPort = new Serial(this, "/dev/ttyACM0", 9600);            //Linux
    //myPort = new Serial(this, "/dev/cu.usbmodem1217321", 9600); //Mac

    textSize(16);                                                  //set text size
    textMode(SHAPE);                                               //set text mode to shape
}

void draw()
{
    serialEvent();                          //read and parse incoming serial message
    background(255);                        //set background to white
    lights();

    translate(width/2, height/2);           //set position to centre

    pushMatrix();                           //begin object

    float c1 = cos(radians(roll));
    float s1 = sin(radians(roll));
    float c2 = cos(radians(pitch));
    float s2 = sin(radians(pitch));
    float c3 = cos(radians(yaw));
    float s3 = sin(radians(yaw));
    applyMatrix( c2 * c3, s1 * s3 + c1 * c3 * s2, c3 * s1 * s2 - c1 * s3, 0,
                - s2, c1 * c2, c2 * s1, 0,
                c2 * s3, c1 * s2 * s3 - c3 * s1, c1 * c3 + s1 * s2 * s3, 0,
                0, 0, 0, 1);

    drawArduino();

    popMatrix();                            //end of object

                                            //Print values to console
    print(roll);
    print("\t");
    print(pitch);
    print("\t");
    print(heading);
    println();
}
```

```
void serialEvent()
{
  int newLine = 13;                              //new line character in ASCII
  String message;
  do {
    message = myPort. readStringUntil(newLine); //read from port until new line
    if (message != null) {
      String[ ] list = split(trim(message), " ");
      if (list. length >= 4 && list[0]. equals("Orientation:")) {
        yaw = float(list[1]);                    //convert to float yaw
        pitch = float(list[2]);                  //convert to float pitch
        roll = float(list[3]);                   //convert to float roll
      }
    }
  } while (message != null);
}


void drawArduino()
{
  /* function contains shape(s) that are rotated with the IMU */
  stroke(0, 90, 90);                             //set outline colour to darker teal
  fill(0, 130, 130);                             //set fill colour to lighter teal
  box(300, 10, 200);                             //draw Arduino board base shape

  stroke(0);                                     //set outline colour to black
  fill(80);                                      //set fill colour to dark grey

  translate(60, -10, 90);                        //set position to edge of Arduino box
  box(170, 20, 10);                              //draw pin header as box

  translate(-20, 0, -180);                       //set position to other edge of Arduino box
  box(210, 20, 10);                              //draw other pin header as box
}
```

需要注意的是,Processing 与 Genuino 101 间使用串口通信,在 Processing 程序中需要指定串口号,不同操作系统中串口表示方式不同。例如,Windows 中使用如下语句实例化串口对象:

```
myPort = new Serial(this, "COM5", 9600);
```

将以上代码复制到 Processing 代码编辑区中,并单击 ▶ 按钮运行程序,就可以看到如图 8-3 的界面。尝试转动 Genuino 101,可见其中 3D 模型跟随 Genuino 101 同步转动。

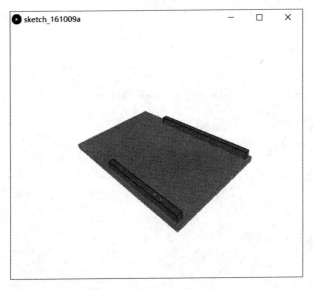

图 8-3　sketch 中的 3D 模型

8.4　IMU 中断检测

除了姿态检测外,IMU 还可以用于设备运动状态的检测。CurieIMU 自带多种运动状态检测模式,检测到相关状态后可以产生一个中断事件,并执行相应的中断函数。

要使用该功能,需要先定义一个中断函数:

```
static void eventCallback() {
//函数内容
}
```

中断函数应无参数无返回值。

与 I/O 的中断类似,IMU 中断同样需要指定中断函数和中断模式。中断函数的设置语句如下:

```
//设置中断函数
CurieIMU.attachInterrupt(eventCallback);
```

eventCallback 即中断函数名,当中断触发后会运行该函数名对应的中断函数。

中断模式设置语句如下:

```
//设置中断模式
CurieIMU.interrupts(CURIE_IMU_MODE);
```

其中,参数 CURIE_IMU_MODE 为中断模式,CurieIMU 支持的中断模式见表 8-1。

表 8-1　中断模式

中　断　模　式	对应枚举值
自由落体	CURIE_IMU_FREEFALL
振动检测	CURIE_IMU_SHOCK
运动检测	CURIE_IMU_MOTION
零移检测	CURIE_IMU_ZERO_MOTION
计步功能	CURIE_IMU_STEP
单击检测	CURIE_IMU_TAP
敲击并振动检测	CURIE_IMU_TAP_SHOCK
敲击并静止检测	CURIE_IMU_TAP_QUIET
双击检测	CURIE_IMU_DOUBLE_TAP

当设定的中断模式被触发后,即会运行中断函数 eventCallback。

如果不再需要 IMU 中断,则可以使用中断分离语句关闭中断功能。中断分离语句如下:

```
CurieIMU.detachInterrupt();
```

利用 CurieIMU 中断可检测 Genuino 101 是否在移动,并得知移动方向。可通过 Arduino IDE 菜单"文件→示例→CurieIMU→ZeroMotionDetect"打开运动检测示例,示例程序如下:

```
/*
   Copyright (c) 2016 Intel Corporation. All rights reserved.
   See the bottom of this file for full license terms.
*/

/*
   This sketch example demonstrates how the BMI160 accelerometer on the
   Intel(R) Curie(TM) module can be used to detect zero motion events
*/

#include "CurieIMU.h"
```

```
boolean ledState = false;                              //state of the LED
void setup() {
  Serial.begin(9600);                                  //initialize Serial communication
  while(!Serial) ;                                     //wait for serial port to connect.

  /* Initialise the IMU */
  CurieIMU.begin();
  CurieIMU.attachInterrupt(eventCallback);

  /* Enable Zero Motion Detection */
  CurieIMU.setDetectionThreshold(CURIE_IMU_ZERO_MOTION, 50);    //50mg
  CurieIMU.setDetectionDuration(CURIE_IMU_ZERO_MOTION, 2);      //2s
  CurieIMU.interrupts(CURIE_IMU_ZERO_MOTION);

  /* Enable Motion Detection */
  CurieIMU.setDetectionThreshold(CURIE_IMU_MOTION, 20);        //20mg
  CurieIMU.setDetectionDuration(CURIE_IMU_MOTION, 10);
                              //trigger times of consecutive slope data points
  CurieIMU.interrupts(CURIE_IMU_MOTION);

  Serial.println("IMU initialisation complete, waiting for events...");
}

void loop() {
  //if zero motion is detected, LED will be turned up.
  digitalWrite(13, ledState);
}

static void eventCallback(void){
  if (CurieIMU.getInterruptStatus(CURIE_IMU_ZERO_MOTION)) {
    ledState = true;
    Serial.println("zero motion detected...");
  }
  if (CurieIMU.getInterruptStatus(CURIE_IMU_MOTION)) {
    ledState = false;
    if (CurieIMU.motionDetected(X_AXIS, POSITIVE))
      Serial.println("Negative motion detected on X-axis");
    if (CurieIMU.motionDetected(X_AXIS, NEGATIVE))
      Serial.println("Positive motion detected on X-axis");
    if (CurieIMU.motionDetected(Y_AXIS, POSITIVE))
      Serial.println("Negative motion detected on Y-axis");
    if (CurieIMU.motionDetected(Y_AXIS, NEGATIVE))
      Serial.println("Positive motion detected on Y-axis");
    if (CurieIMU.motionDetected(Z_AXIS, POSITIVE))
```

```
      Serial.println("Negative motion detected on Z-axis");
    if (CurieIMU.motionDetected(Z_AXIS, NEGATIVE))
      Serial.println("Positive motion detected on Z-axis");
  }
}
```

编译上传以上程序,打开串口监视器,并将 Genuino 101 移动或保持静止,可见串口输出类似信息,如图 8-4 所示。

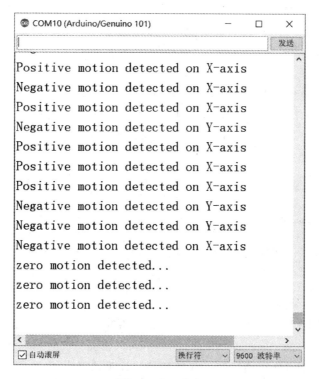

图 8-4 串口信息

当 Genuino 101 静止时,CurieIMU. getInterruptStatus(CURIE_IMU_ZERO_MOTION)会返回 true;运动时,CurieIMU. getInterruptStatus(CURIE_IMU_MOTION)会返回 false。而使用 CurieIMU. motionDetected(X_AXIS, POSITIVE)可以检测该运动是否延着 X 轴正方向,如果是该函数会返回 true。

利用 IMU 的中断检测功能可以制作一个非接触式开关 LED 实验。实验代码如下:

```
# include "CurieIMU.h"
```

```
bool state = false;
void setup() {
  pinMode(13,OUTPUT);
  CurieIMU.begin();
  CurieIMU.attachInterrupt(eventCallback);

  //Increase Accelerometer range to allow detection of stronger taps (< 16g)
  CurieIMU.setAccelerometerRange(32);
  CurieIMU.setAccelerometerRate(1600);

  //Reduce threshold to allow detection of weaker taps (>= 100mg)
  CurieIMU.setDetectionThreshold(CURIE_IMU_TAP, 100);

  //Enable Tap detection
  CurieIMU.interrupts(CURIE_IMU_TAP);
}

void loop() {
}

static void eventCallback()
{
  if (CurieIMU.getInterruptStatus(CURIE_IMU_TAP)) {
    state = !state;
    digitalWrite(13,state);
  }
}
```

编译并上传以上代码后，将 Genuino 101 平放在桌面上，敲击桌面即可控制板载 LED 灯的亮灭。

相关 IMU 的应用示例还有很多，如计步器。计步器是基于 IMU 功能的常见应用，智能手机、智能手表几乎都具备此功能，CurieIMU 自带四种记步模式（表 8-2），可以满足多种场合的计步需求。

表 8-2　计步模式对应枚举值

模　式	对应枚举值
正常模式	CURIE_IMU_STEP_MODE_NORMAL
敏感模式	CURIE_IMU_STEP_MODE_SENSITIVE
健壮模式	CURIE_IMU_STEP_MODE_ROBUST
未知模式	CURIE_IMU_STEP_MODE_UNKNOWN

通常使用正常模式即可，语句如下：

```
//切换到正常计步模式
CurieIMU.setStepDetectionMode(CURIE_IMU_STEP_MODE_NORMAL);
//开启计步功能
CurieIMU.setStepCountEnabled(true);
```

完整示例程序如下：

```
#include "CurieIMU.h"

boolean stepEventsEnabeled = true;
long lastStepCount = 0;

void setup() {
  Serial.begin(9600);
  while(!Serial) ;
  //初始化 IMU
  CurieIMU.begin();
  //切换到正常计步模式
  CurieIMU.setStepDetectionMode(CURIE_IMU_STEP_MODE_NORMAL);
  //开启计步功能
  CurieIMU.setStepCountEnabled(true);

  if (stepEventsEnabeled) {
    //关联中断函数
    CurieIMU.attachInterrupt(eventCallback);
    //启用步数检测中断
    CurieIMU.interrupts(CURIE_IMU_STEP);
    Serial.println("IMU initialisation complete, waiting for events...");
  }
}

void loop() {
  //在 loop 中定时检查步数并输出,而不使用计步事件通知
  if (!stepEventsEnabeled) {
    updateStepCount();
  }
  delay(1000);
}

static void updateStepCount() {
  //获取步数
  int stepCount = CurieIMU.getStepCount();
  //如果步数有更新,则串口输出
```

```
    if (stepCount != lastStepCount) {
      Serial.print("Step count: ");
      Serial.println(stepCount);
      //保存步数,用以下一次比较
      lastStepCount = stepCount;
    }
  }

  static void eventCallback(void) {
    if (CurieIMU.stepsDetected())
      updateStepCount();
  }
```

编译上传以上程序并打开串口监视器,模拟走路姿势摇动 Genuino 101,即可看到串口输出步数信息。

8.5　神经元与机器学习

什么是机器学习?

机器学习领域的先驱 Arthur Samuel,在其论文《Some Studies in Machine Learning Using the Game of Checkers》中,将机器学习非正式定义为:"在不直接针对问题进行编程的情况下,赋予计算机学习能力的一个研究领域。"例如,要让 Genuino 101 判断其自身姿态是正面朝上,还是朝下时,常规做法是:计算出姿态角,并判断其是否在某一区间中。而使用机器学习,可以通过多次将 Genuino 101 朝上或朝下放置,并将此时传感器数据及姿态输入模式匹配引擎进行学习,此后 Genuino 101 即可根据新的传感器数据判断当前的姿态了。

Intel Curie 的模式匹配引擎(Pattern Matching Engine)带有 128 个神经元,支持 k-近邻法(k-Nearest Neighbors)和径向基核函数(Radial Basis Function)两种匹配算法。其让 Curie 具有了像人一样的学习、归类的能力,进而可以省去某些烦琐的编程过程。

Intel 提供了 CuriePME 库用于驱动模式匹配引擎,其下载地址为 https://github.com/01org/Intel-Pattern-Matching-Technology 或 http://clz.me/101-book/download/。

下载安装 CuriePME 后,可通过示例程序了解其使用方法。如下示例程序可用于学习并识别手势动作。

```
/*
* This example demonstrates using the pattern matching engine (CuriePME)
* to classify streams of accelerometer data from CurieIMU.
```

```
 *
 * First, the sketch will prompt you to draw some letters in the air (just
 * imagine you are writing on an invisible whiteboard, using your board as the
 * pen), and the IMU data from these motions is used as training data for the
 * PME. Once training is finished, you can keep drawing letters and the PME
 * will try to guess which letter you are drawing.
 *
 * This example requires a button to be connected to digital pin 4
 * https://www.arduino.cc/en/Tutorial/Button
 *
 * NOTE: For best results, draw big letters, at least 1-2 feet tall.
 *
 * Copyright (c) 2016 Intel Corporation. All rights reserved.
 * See license notice at end of file.
 */

#include "CurieIMU.h"
#include "CuriePME.h"

/* This controls how many times a letter must be drawn during training.
 * Any higher than 4, and you may not have enough neurons for all 26 letters
 * of the alphabet. Lower than 4 means less work for you to train a letter,
 * but the PME may have a harder time classifying that letter. */
const unsigned int trainingReps = 4;

/* Increase this to 'A-Z' if you like -- it just takes a lot longer to train */
const unsigned char trainingStart = 'A';
const unsigned char trainingEnd = 'F';

/* The input pin used to signal when a letter is being drawn - you'll
 * need to make sure a button is attached to this pin */
const unsigned int buttonPin = 4;

/* Sample rate for accelerometer */
const unsigned int sampleRateHZ = 200;

/* No. of bytes that one neuron can hold */
const unsigned int vectorNumBytes = 128;

/* Number of processed samples (1 sample == accel x, y, z)
 * that can fit inside a neuron */
const unsigned int samplesPerVector = (vectorNumBytes / 3);

/* This value is used to convert ASCII characters A-Z
```

```
 * into decimal values 1 - 26, and back again. */
const unsigned int upperStart = 0x40;

const unsigned int sensorBufSize = 2048;
const int IMULow = - 32768;
const int IMUHigh = 32767;

void setup()
{
    Serial.begin(9600);
    while(!Serial);

    pinMode(buttonPin, INPUT);

    /* Start the IMU (Intertial Measurement Unit) */
    CurieIMU.begin();

    /* Start the PME (Pattern Matching Engine) */
    CuriePME.begin();

    CurieIMU.setAccelerometerRate(sampleRateHZ);
    CurieIMU.setAccelerometerRange(2);

    trainLetters();
    Serial.println("Training complete. Now, draw some letters (remember to ");
    Serial.println("hold the button) and see if the PME can classify them.");
}

void loop ()
{
    byte vector[vectorNumBytes];
    unsigned int category;
    char letter;

    /* Record IMU data while button is being held, and
     * convert it to a suitable vector */
    readVectorFromIMU(vector);

    /* Use the PME to classify the vector, i.e. return a category
     * from 1 - 26, representing a letter from A - Z */
    category = CuriePME.classify(vector, vectorNumBytes);
    if (category == CuriePME.noMatch) {
        Serial.println("Don't recognise that one -- try again.");
    } else {
```

```
            letter = category + upperStart;
            Serial.println(letter);
    }
}


/* Simple "moving average" filter, removes low noise and other small
 * anomalies, with the effect of smoothing out the data stream. */
byte getAverageSample(byte samples[], unsigned int num, unsigned int pos,
                    unsigned int step)
{
    unsigned int ret;
    unsigned int size = step * 2;

    if (pos < (step * 3) || pos > (num * 3) - (step * 3)) {
        ret = samples[pos];
    } else {
        ret = 0;
        pos -= (step * 3);
        for (unsigned int i = 0; i < size; ++i) {
            ret += samples[pos - (3 * i)];
        }

        ret /= size;
    }


    return (byte)ret;
}


/* We need to compress the stream of raw accelerometer data into 128 bytes, so
 * it will fit into a neuron, while preserving as much of the original pattern
 * as possible. Assuming there will typically be 1 - 2 seconds worth of
 * accelerometer data at 200Hz, we will need to throw away over 90 % of it to
 * meet that goal!
 *
 * This is done in 2 ways:
 *
 * 1. Each sample consists of 3 signed 16 - bit values (one each for X, Y and Z).
 * Map each 16 bit value to a range of 0 - 255 and pack it into a byte,
 * cutting sample size in half.
 *
 * 2. Undersample. If we are sampling at 200Hz and the button is held for 1.2
 * seconds, then we'll have ~240 samples. Since we know now that each
 * sample, once compressed, will occupy 3 of our neuron's 128 bytes
 * (see #1), then we know we can only fit 42 of those 240 samples into a
```

```
 * single neuron (128 / 3 = 42.666). So if we take (for example) every 5th
 * sample until we have 42, then we should cover most of the sample window
 * and have some semblance of the original pattern. */
void undersample(byte samples[], int numSamples, byte vector[])
{
    unsigned int vi = 0;
    unsigned int si = 0;
    unsigned int step = numSamples / samplesPerVector;
    unsigned int remainder = numSamples - (step * samplesPerVector);

    /* Centre sample window */
    samples += (remainder / 2) * 3;
    for (unsigned int i = 0; i < samplesPerVector; ++i) {
        for (unsigned int j = 0; j < 3; ++j) {
            vector[vi + j] = getAverageSample(samples, numSamples, si + j, step);
        }

        si += (step * 3);
        vi += 3;
    }
}


void readVectorFromIMU(byte vector[])
{
    byte accel[sensorBufSize];
    int raw[3];

    unsigned int samples = 0;
    unsigned int i = 0;

    /* Wait until button is pressed */
    while (digitalRead(buttonPin) == LOW);

    /* While button is being held... */
    while (digitalRead(buttonPin) == HIGH) {
        if (CurieIMU.dataReady()) {

            CurieIMU.readAccelerometer(raw[0], raw[1], raw[2]);

            /* Map raw values to 0 - 255 */
            accel[i] = (byte) map(raw[0], IMULow, IMUHigh, 0, 255);
            accel[i + 1] = (byte) map(raw[1], IMULow, IMUHigh, 0, 255);
            accel[i + 2] = (byte) map(raw[2], IMULow, IMUHigh, 0, 255);
```

```
            i += 3;
            ++samples;

            /* If there's not enough room left in the buffers
             * for the next read, then we're done */
            if (i + 3 > sensorBufSize) {
                break;
            }
        }
    }

    undersample(accel, samples, vector);
}

void trainLetter(char letter, unsigned int repeat)
{
    unsigned int i = 0;

    while (i < repeat) {
        byte vector[vectorNumBytes];

        if (i) Serial.println("And again...");

        readVectorFromIMU(vector);
        CuriePME.learn(vector, vectorNumBytes, letter - upperStart);

        Serial.println("Got it!");
        delay(1000);
        ++i;
    }
}

void trainLetters()
{
    for (char i = trainingStart; i <= trainingEnd; ++i) {
        Serial.print("Hold down the button and draw the letter '");
        Serial.print(String(i) + "' in the air. Release the button as soon ");
        Serial.println("as you are done.");

        trainLetter(i, trainingReps);
        Serial.println("OK, finished with this letter.");
        delay(2000);
    }
}
```

编译并上传以上程序到 Genuino 101，按串口提示即可体验使用 Genuino 101 学习并识别动作。运行该示例需要在 4 号引脚上接一个按键模块，按下按键即会开始一次新的学习，松开按键结束该次学习。

该示例主要使用了 CuriePME 中的 learn 和 classify 两个函数，这也是模式匹配的两个主要过程。

1. 学习

```
uint16_t CuriePME.learn (uint8_t vector[], int32t vector_length, uint16_t category)
```

其中，参数 vector 为要进行学习的数据；参数 vector_length 为数据长度；参数 category 为该次学习对应的分类类别。调用 learn 函数即可告知 CuriePME，数据 vector 属于类别 category。

CuriePME 是由 128 个特殊存储单元组成的神经元网络。每个存储单元可以容纳 128B 的数据。每次调用 learn 函数都会将输入的新数据写入网络中的一个神经元，即 CuriePME 在清空重置的状态下可以进行 128 次学习操作，每次用于学习的数据 vector 长度最大为 128B。

2. 分类

```
uint16_t CuriePME.classify (uint8_t vector[], int32_t vector_length)
```

其中，参数 vector 是要进行识别的数据；vector_length 是要该数据的长度。调用 classify 函数，CuriePME 即会判断数据 vector 属于哪一个别类，并返回别类对应的编号。

以上程序中，CurieIMU 设定加速度采样频率 200Hz，采样缓冲区 2KB，最多可以录制 3.41s 的动作，再经过程序处理将 2KB 数据缩小到 128B，进行学习和分类。如果需要录制更长时间的动作，可以将加速度采样频率降低，或扩大采样缓冲区。

由于实际用于学习和分类的特征数据只有 128B，所以理论上越简单的动作、越少的录制时间，会得到越好的学习和识别效果。

CuriePME 主要用来结合 CurieIMU 进行姿态、动作的学习和识别，但实际上也可以用于其他类型数据的处理，本书篇幅有限，不做过多论述。

第 9 章

存　储　篇

大部分 Arduino 具备的存储空间都较小，如 Arduino UNO，其有 32KB Flash。而 Genuino 101 提供了更大的存储空间，

在某些项目中会有一些特殊的数据存储需求，如：数据需要重复利用，希望断电后数据不丢失；数据较大，需要额外的存储空间；数据较多，希望能以文件列表形式进行管理。

在 Genuino 101 上，可以选用以下三种数据存储方式满足以上需求：存储在 Curie 自身的 Flash 空间内；存储在外部 SD 卡中；存储在 Genuino 101 板载的 Flash 芯片上。

SD 卡存储可参考 Arduino IDE 自带的 SD 库。

9.1　EEPROM 的使用

电可擦可编程只读存储器（Electrically Erasable Programmable Read-Only Memory，EEPROM）——一种断电后数据不丢失的存储设备。常被用作记录设备工作数据、保存配置参数。简而言之，就是想让 Arduino 记住一些数据，且在断电后不会丢失数据，那就可以使用 EEPROM 存储。

但是，Arduino/Genuino 101 并没有 EEPROM 存储单元，其提供的 EEPROM 库实际上是在读写 Curie 上的 Flash 存储空间。EEPROM 库会从 Intel Curie 的 Flash 中划分出了 2048B 的空间，模拟成 EEPROM 空间。

要使用 EEPROM 库，必须先调用其头文件 EEPROM. h，然后使用库提供的 read（）和 write（）函数即可读写这个虚拟出来的 EEPROM 空间。

9.1.1 写数据

向模拟 EEPROM 空间写入语句如下：

```
EEPROM.write(address, data);
```

其中，参数 address 为写入存储空间地址，data 为实际写入的数据，两者都为 uint32_t 类型。

在不同的平台和编译器下，int、float 等数据类型长度可能都不一样。如在 Arduino UNO 上，int 类型长度为 2B(16b)；而在 Genuino 101 上，int 类型长度为 4B(32b)。为了在跨平台开发过程中避免该现象造成的问题，通常 C 语言核心库还提供了 uint8_t、uint16_t、uint32_t 这些类型别名。

这里 uint32_t 即是一个长度为 4B(32b)的数据类型，在 Genuino 101 开发中，int 和 float 同样长度为 4B(32b)，所以可以通过该语句直接向指定存储空间写入 int 和 float 等 4B (32b)的数据。

通过 Arduino IDE 菜单"文件→示例→EEPROM→eeprom_write"打开 EEPROM 写入示例程序，程序代码如下：

```
/*
 * EEPROM Write
 *
 * Stores values read from analog input 0 into the EEPROM.
 * These values will stay in the EEPROM when the board is
 * turned off and may be retrieved later by another sketch.
 * 01/05/2016 - Modified for Arduino 101 - Dino Tinitigan <dino.tinitigan@intel.com>
 */

#include <EEPROM.h>

/** the current address in the EEPROM (i.e. which byte we're going to write to next) **/
int addr = 0;

void setup() {
  Serial.begin(9600);
  while (!Serial) {
    ; //wait for serial port to connect. Needed for native USB port only
  }

  for(int i = 0; i < 512; i++)
```

```
  {
    unsigned longval = analogRead(0);
    Serial.print("Addr:\t");
    Serial.print(addr);
    Serial.print("\tWriting: ");
    Serial.println(val);
    EEPROM.write(addr, val);
    addr++;
    delay(100);
  }

  Serial.println("done writing");
}

void loop() {

}
```

运行以上程序,Genuino 101 即会将 A0 口读到的模拟值,依次写入到 Flash 存储空间中。如图 9-1 所示,串口监视器输出 done writing 时,说明写入完成。

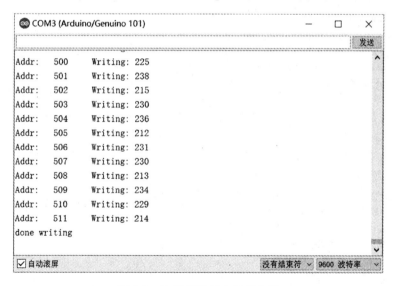

图 9-1　将模拟值写入储存空间

9.1.2　读数据

成功写入的数据可以用 read 函数读出,调用语句如下:

```
uint32_tdata = EEPROM.read(addr);
```

参数 addr 为指定地址,返回值即是从指定地址读出的数据。

通过 Arduino IDE 菜单"文件→示例→EEPROM→eeprom_read"打开 EEPROM 读取示例程序,程序代码如下:

```
/*
 * EEPROM Read
 *
 * Reads the value of each DWORD of the EEPROM and prints it
 * to the computer.
 * This example code is in the public domain.
 * 01/05/2016 - Modified for Arduino 101 - Dino Tinitigan <dino.tinitigan@intel.com>
 */

#include <EEPROM.h>

//start reading from the first byte (address 0) of the EEPROM
int address = 0;
unsigned long value;

void setup() {
  //initialize serial and wait for port to open:
  Serial.begin(9600);
  while (!Serial) {
    ; //wait for serial port to connect. Needed for native USB port only
  }
}

void loop() {
  //read a dword from the current address of the EEPROM
  value = EEPROM.read(address);

  Serial.print(address);
  Serial.print("\t");
  Serial.print(value, DEC);
  Serial.println();

  //increment address
  address++;
  if (address == EEPROM.length()) {
    address = 0;
```

```
    }

    delay(500);
}
```

上传并打开串口监视器,可看见 Genuino 101 从 Flash 中读出的数据,如图 9-2 所示。

图 9-2 Genuino 101 从 Flash 中读取的数据

9.1.3 擦除数据

要清空 EEPROM 空间中的所有数据,直接调用 EEPROM_clear()函数即可,因为只需清空一次数据,所以以下例程直接在 setup 中调用该函数。

通过 Arduino IDE 文件菜单"示例→EEPROM→eeprom_clear"即可打开该例程。

```
#include <EEPROM.h>

void setup() {
    //initialize the LED pin as an output.
    pinMode(13, OUTPUT);

    EEPROM.clear();

    //turn the LED on when we're done
```

```
    digitalWrite(13, HIGH);
}

void loop() {
  /* * Empty loop. * */
}
```

编译并上传以上程序,即可擦除对应 Flash 空间内的所有内容。

EEPROM 库提供的可操作空间较小,通常用于存储一些程序设置信息。如果要记录数据,可以使用 Genuino 101 上集成的 SPI Flash 存储或其他外部存储器。

9.2 SPI Flash 的使用

Flash 存储器又称闪存,它结合了 ROM 和 RAM 的长处,不仅具备 EEPROM 的断电不丢失数据的特性,还可以快速读取数据。除了 Intel Curie 中内置有 Flash 存储空间外,Genuino 101 上还集成有一个 Flash 芯片,如图 9-3 所示,其与 Curie 间使用 SPI 总线连接,提供了额外的 2MB 存储空间。

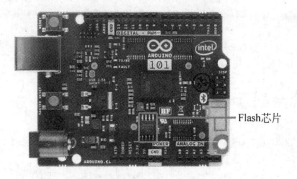

Flash芯片

图 9-3 Genuino 101 Flash 芯片

官方提供了 SerialFlash 库用于对 Flash 芯片的操作。SerialFlash 库提供了一套类文件系统的、低延迟高性能访问的接口。

使用前需调用其头文件,又因其使用 SPI 总线控制,所以还需调用 SPI 库头文件:

```
# include < SerialFlash.h>
# include < SPI.h>
```

然后对 SerialFlash 进行初始化,Flash 是 SPI 总线控制,其片选脚由 Genuino 101 的 21 号引脚控制,所以在初始化时,还需添加片选脚参数:

```
const int FlashChipSelect = 21;
SerialFlash.begin(FlashChipSelect);
```

初始化后,即可对文件进行操作,常用的文件操作如下。

(1) 创建新文件。

```
SerialFlash.create(filename, size);
```

Filename 和 size 两个参数分别为文件名和文件大小,返回值为布尔型,返回 true 说明创建成功,返回 false 说明创建失败(没有足够的可用空间)。SerialFlash 库为了满足性能需求,规定文件创建后,其大小不可更改。

(2) 删除指定文件。

```
SerialFlash.remove(filename);
```

删除文件后,其占用的空间不会被回收,但删除后可以再创建一个同名文件。

(3) 检查指定文件是否存在(不会打开文件)。

```
SerialFlash.exists(filename);
```

有该文件,则返回 ture,无该文件,则返回 false。

(4) 打开指定文件文件。

对具体某一个文件进行操作,还需要实例化一个 SerialFlashFile 类型的对象才可对文件进行操作,如代码中的 file 对象。

```
SerialFlashFile file;
file = SerialFlash.open("filename.bin");
if (file) {
//true if the file exists
}
```

(5) 读数据。

```
char buffer[256];
file.read(buffer, 256);
```

（6）获取文件尺寸和位置。

```
file.size();
file.position()
file.seek(number);
```

（7）写数据。

```
file.write(buffer, 256);
```

需要注意的是,写入的数据不能超过创建该文件时设定的大小。

（8）擦除文件。

```
file.erase();
```

擦除文件实际是将指定文件对应空间全部写为255(0xFF)。

9.2.1　新建文件并写入

了解了以上基本用法后,即可编写 SPI Flash 相关程序。可以使用以下代码新建文件、打开文件,并写入数据:

```
/*
Arduino 101 SPI Flash 写文件
奈何 col 2017.1.11
www.arduino.cn
*/

#include <SerialFlash.h>
#include <SPI.h>

//文件大小
#define FSIZE 256
//文件名
const char * filename = "Arduino101.txt";
//文件内容
const char * contents = "The groundbreaking Intel Curie module expands the possibilities of
what tech can do.";
//片选引脚
```

```
const int FlashChipSelect = 21;

void setup() {
  Serial.begin(9600);
  while (!Serial) ;
  delay(500);
  //初始化 SPI Flash 芯片
  SerialFlash.begin(FlashChipSelect);

  //如果文件已存在,则输出提示,如果文件不存在,则创建文件并写入
  if(SerialFlash.exists(filename)) {
    Serial.println("File " + String(filename) + " already exists");
  }
  else {
    Serial.println("Creating file " + String(filename));
    SerialFlash.create(filename, FSIZE);
    //新建 SerialFlashFile 对象用于文件操作
    SerialFlashFile file;
    file = SerialFlash.open(filename);
    file.write(contents, strlen(contents) + 1);
    Serial.println("String \"" + String(contents) + "\" written to file " + String
(filename));
  }
}

void loop() {
}
```

编译并上传该程序,打开串口监视器,可见如图 9-4 所示的输出信息,说明数据已经写入指定的文件中。

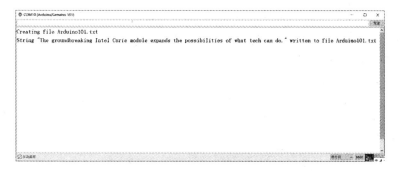

图 9-4　串口监视器的输出信息

如果 Flash 中已经存在同名文件,则会看到提示信息 File Arduino101.txt already

exists。

通过修改以上程序中的文件名,可以在 SPI Flash 中新建数个文件用于此后的示例演示。

9.2.2　列出文件

实际使用中需先知晓文件名,再打开对应的文件进行读取操作。当有多个文件时,可以通过下列语句获取到 Flash 中文件的文件名:

```
SerialFlash.opendir();
SerialFlash.readdir(buffer, buflen, filelen);
```

通过 Arduino IDE 菜单"文件→示例→SerialFlash→ListFiles"打开该示例程序,代码如下:

```
# include < SerialFlash. h >
# include < SPI. h >

const int FlashChipSelect = 21; //digital pin for flash chip CS pin

void setup() {
  Serial.begin(9600);

  //wait for Arduino Serial Monitor
  while (!Serial) ;
  delay(100);
  Serial.println("All Files on SPI Flash chip:");

  if (!SerialFlash.begin(FlashChipSelect)) {
    error("Unable to access SPI Flash chip");
  }

  SerialFlash.opendir();
  unsigned int count = 0;
  while (1) {
    char filename[64];
    unsigned long filesize;

    if (SerialFlash.readdir(filename, sizeof(filename), filesize)) {
```

```
        Serial.print(" ");
        Serial.print(filename);
        spaces(20 - strlen(filename));
        Serial.print(" ");
        Serial.print(filesize);
        Serial.print(" bytes");
        Serial.println();
      } else {
        break; //no more files
      }
    }
  }

  void spaces(int num) {
    for (int i = 0; i < num; i++) {
      Serial.print(" ");
    }
  }

  void loop() {
  }

  void error(const char * message) {
    while (1) {
      Serial.println(message);
      delay(2500);
    }
  }
```

编译并上传该程序，打开串口监视器，可见列举出的文件名及其大小，如图9-5所示。

9.2.3 读取文件

知晓文件名后，即可打开对应文件，并进行读取操作。读取文件需要先打开该文件，并使用 read 函数读取，示例程序如下：

```
/ *
Arduino 101 SPI Flash 读文件
www.arduino.cn
* /
```

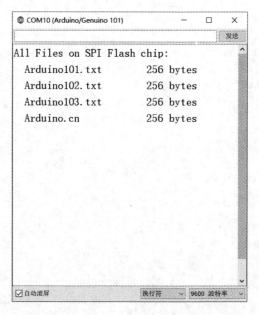

图 9-5　串口监视器列举的文件名及其大小

```
＃include＜SerialFlash.h＞
＃include＜SPI.h＞

//文件名
const char ＊filename = "Arduino101.txt";
//片选引脚
const int FlashChipSelect = 21;
void setup() {
  Serial.begin(9600);
  while (!Serial) ;
  delay(500);
  //初始化 SPI Flash 芯片
  SerialFlash.begin(FlashChipSelect);

  //如果文件不存在,则输出提示;如果文件存在,则读取文件内容
  if(!SerialFlash.exists(filename)) {
    Serial.println("File " + String(filename) + " does not exist");
  }
  else {
SerialFlashFile file;
//打开文件
```

```
        file = SerialFlash.open(filename);
        int len = file.size();
        char fileBuffer[len];
//读取文件,将内容存放于 fileBuffer 中
file.read(fileBuffer, len);
        Serial.println("file:" + String(filename));
        Serial.println("size:" + String(len) +" bytes");
        Serial.println("contents:\r\n" + String(fileBuffer));
    }
}


void loop() {
}
```

编译并上传以上程序,打开串口监视器即可看到如图 9-6 所示信息,说明已经读取到该文件的内容信息。

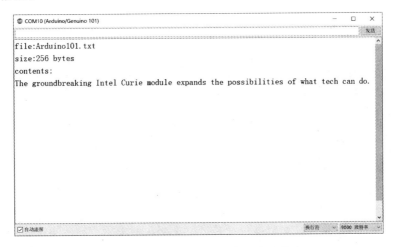

图 9-6　串口监视器读取文件的内容信息

9.2.4　擦除数据

除了可以单独擦除 Flash 上的每一个文件外,SerialFlash 还提供了擦除整个 Flash 的 eraseAll() 函数。通过 Arduino IDE 菜单"文件→示例→SerialFlash→EraseEverything"打开擦除 Flash 示例程序,代码如下:

```
# include < SerialFlash. h>
# include < SPI. h>

const int FlashChipSelect = 21;              //digital pin for flash chip CS pin

SerialFlashFile file;

const unsigned long testIncrement = 4096;

void setup() {
  //uncomment these if using Teensy audio shield
  //SPI. setSCK(14);                          //Audio shield has SCK on pin 14
  //SPI. setMOSI(7);                          //Audio shield has MOSI on pin 7

  //uncomment these if you have other SPI chips connected
  //to keep them disabled while using only SerialFlash
  //pinMode(4, INPUT_PULLUP);
  //pinMode(10, INPUT_PULLUP);

  Serial. begin(9600);

  //wait up to 10 seconds for Arduino Serial Monitor
  unsigned long startMillis = millis();
  while (!Serial && (millis() - startMillis < 10000)) ;
  delay(100);

  SerialFlash. begin(FlashChipSelect);
  unsigned char id[5];
  SerialFlash. readID(id);
  unsigned long size = SerialFlash. capacity(id);

  if (size > 0) {
    Serial. print("Flash Memory has ");
    Serial. print(size);
    Serial. println(" bytes.");
    Serial. println("Erasing ALL Flash Memory:");
    //Estimate the (lengthy) wait time.
    Serial. print(" estimated wait: ");
    int seconds = (float)size / eraseBytesPerSecond(id) + 0.5;
    Serial. print(seconds);
    Serial. println(" seconds.");
    Serial. println(" Yes, full chip erase is SLOW!");
    SerialFlash. eraseAll();
    unsigned long dotMillis = millis();
```

```
      unsigned char dotcount = 0;
      while (SerialFlash.ready() == false) {
        if (millis() - dotMillis > 1000) {
          dotMillis = dotMillis + 1000;
          Serial.print(".");
          dotcount = dotcount + 1;
          if (dotcount >= 60) {
            Serial.println();
            dotcount = 0;
          }
        }
      }
      if (dotcount > 0) Serial.println();
      Serial.println("Erase completed");
      unsigned long elapsed = millis() - startMillis;
      Serial.print(" actual wait: ");
      Serial.print(elapsed / 1000ul);
      Serial.println(" seconds.");
    }
}

float eraseBytesPerSecond(const unsigned char * id) {
  if (id[0] == 0x20) return 152000.0; //Micron
  if (id[0] == 0x01) return 500000.0; //Spansion
  if (id[0] == 0xEF) return 419430.0; //Winbond
  if (id[0] == 0xC2) return 279620.0; //Macronix
  return 320000.0; //guess?
}


void loop() {

}
```

注释中的 Micron、Spansion、Winbond、Macronix 都是 Flash 芯片的厂家,程序最后的 eraseBytesPerSecond 函数读取擦写速度,每个厂家芯片的擦写速度都不一样,通过读取 id[0]可以判断其生产厂家,进而知晓其擦写速度。

而 SerialFlash.ready()可用于检测 Flash 芯片状态,当其返回值为 false 时,说明擦写还未完成,因此继续等待擦写。

编译并上传此程序后,打开串口监视器,可以看到相关提示,如图 9-7 所示。待出现 Erase completed 后,说明擦写完成。

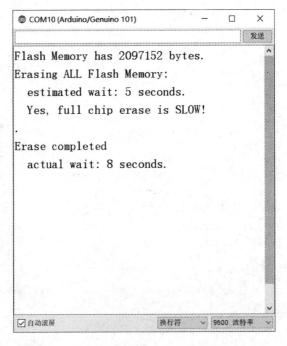

图 9-7   串口监视器擦写完成

附录A

Arduino/Genuino 101数据手册

Arduino/Genuino 101 是一个性能出色的低功耗开发板,如图 A-1 所示,它基于 Intel Curie 模组,价格亲民,使用简单。

图 A-1　Arduino/Genuino 101

Genuino 101 不仅有着和 Arduino UNO 一样特性和外设,还额外增加了蓝牙 BLE 和六轴加速计/陀螺仪,能帮助用户更好地释放创造力,轻松地连接数字与物理世界。

Genuino 模块包含一个 x86 的夸克(quark)核心和一个 32 位的 ARC 架构核心(Zephyr),时钟频率都是 32MHz,Intel 的交叉工具链可以完成两个核心的开发。

Arduino 101 具有 14 个数字输入/输出引脚(其中 4 个可用作 PWM 输出)、6 个模拟输入引脚、用于串口通信和程序上传的 USB 连接器、电源插座、SPI 引脚和 I^2C 专用引脚。I/O 电压为 3.3V,但也可以承受 5V 的电压。

Arduino 和 Genuino 101 由 Arduino 和 Intel 合作开发。

1. 技术规格

技术规格如表 A-1 所示。

表 A-1　技术规格

项　　目	描　　述
控制器	Intel Curie(英特尔居里)
工作电压/V	3.3(I/O 兼容 5V 输入)
输入电压(推荐)/V	7～12
输入电压(极限)/V	7～17
数字 I/O	14 个(其中 4 个提供 PWM 输出功能)
PWM I/O	4 个
模拟输入 I/O	6 个
I/O 直流输出能力/mA	4
Flash/KB	196
SRAM/KB	24
时钟频率/MHz	32
板载 LED 控制引脚	13
特点	蓝牙 BLE,六轴姿态传感器(加速度计/陀螺仪)
长/mm	68.6
宽/mm	53.4

2. 编程

Arduino 101 通过使用 Arduino IDE 进行编程。可以在"工具→板型"菜单中选择 Arduino/Genuino 101。

Arduino 101 中已经预装了 RTOS,可以通过 USB 上传新的程序,而不用使用外部编程器烧写,其通信使用 DFU 协议。

3. 与其他板的区别

Arduino 101 部分特性类似于 Arduino UNO (接口和可用外设)和 Arduino Zero (32 位控制器和 3.3V 的 I/O),最大的不同是其使用了低功耗的 Intel Curie、板载有蓝牙和姿态传感器。

4. 固件

Arduino 101 可能会不时收到固件更新。可以用 Arduino IDE"烧录"菜单更新 Arduino 101 固件程序。

有兴趣编译固件的读者,可以在 Intel 相关下载页面上获得源代码和关于如何使用完整细节。

5. 电源

Arduino 101 能通过 USB 或者外部电源接口供电。两者同时供电时,电路能自动进行切换。外部电源接口可以接交流转直流的适配器供电,也可以使用电池供电。电源相关引脚如下:

VIN:当使用外部 DC 电源供电时,VIN 引脚就是外部电源的电压。可以直接通过这个引脚使用外部电源。

5V:板载 5V 输出引脚,这个电源来自 USB 口直接供电,或者 DC 电源座 7~12V 的电源输入后降压到 5V。尽可能不使用板载的电源,如果控制不好,可能会毁坏 Arduino,不建议使用。

3.3V:板载 3.3V 输出引脚,最大能提供 1 500mA 电流,Curie 也是使用这个 3.3V 供电。

GND:接地引脚。

IOREF:IOREF 脚是板载的 I/O 参考电平脚,一些 Arduino 扩展板能通过这个引脚判断控制器工作电压,进而切换成合适的电压(5V 或 3.3V)进行工作。

6. 存储

Intel Curie 的两个处理器共用其上的存储空间,用户能够使用 196KB 的 Flash(总共 384KB)和 24KB 的 SRAM(总共 80KB)。

7. 输入和输出

Arduino 101 有 20 个通用 I/O 引脚,通过 pinMode()、digitalWrite()和 digitalRead() 函数,可以进行数字输入/输出操作。能通过 analogWrite()函数用作 PWM 输出。所有引脚都工作在 3.3V 电压下。每个引脚大概都可以通过 4mA 电流。一些引脚可以使用特定的函数驱动。Serial:0(RX)和 1(TX)。需要注意的是,驱动 0、1 需要使用 Serial1,而不是 Serial。

中断:Arduino 101 的所有引脚都可以使用外部中断,中断形式有高电平、低电平、上升沿、下降沿、电平改变触发(电平改变触发仅支持 2,5,7,8,10,11,12,13 引脚)。具体可见 attachInterrupt()函数及详细说明。

PWM：3，5，6，9引脚。可通过 analogWrite()提供 8 位 PWM 输出。

SPI：SS，MOSI，MISO，SCK 引脚。可通过 SPI 库驱动 SPI 引脚。

LED：板载 LED 灯通过 13 号引脚驱动。当引脚输出高电平时，LED 是亮；当为低电平时，LED 不亮。

ADC：20 个通用 I/O 中有 6 个可以用于模拟输入。板上的 A0～A5 即为模拟输入引脚，ADC 精度为 10 位。支持 0～3.3V 以内的输入。

TWI：SDA，SCL，TWI 通信使用 Wire 库。

原文链接：https://www.arduino.cc/en/Main/ArduinoBoard101。

附录B

ASCII码对照表

ASCII 码对照表见表 B-1。

表 B-1　ASCII 码对照表

二进制 Binary	八进制 Oct	十进制 Dec	十六进制 Hex	字　　符
010 0000	40	32	20	space
010 0001	41	33	21	!
010 0010	42	34	22	"
010 0011	43	35	23	#
010 0100	44	36	24	$
010 0101	45	37	25	%
010 0110	46	38	26	&
010 0111	47	39	27	'
010 1000	50	40	28	(
010 1001	51	41	29	)
010 1010	52	42	2A	*
010 1011	53	43	2B	+
010 1100	54	44	2C	,
010 1101	55	45	2D	—
010 1110	56	46	2E	.
010 1111	57	47	2F	/
011 0000	60	48	30	0
011 0001	61	49	31	1

续表

二进制 Binary	八进制 Oct	十进制 Dec	十六进制 Hex	字　　符
011 0010	62	50	32	2
011 0011	63	51	33	3
011 0100	64	52	34	4
011 0101	65	53	35	5
011 0110	66	54	36	6
011 0111	67	55	37	7
011 1000	70	56	38	8
011 1001	71	57	39	9
011 1010	72	58	3A	:
011 1011	73	59	3B	;
011 1100	74	60	3C	<
011 1101	75	61	3D	=
011 1110	76	62	3E	>
011 1111	77	63	3F	?
100 0000	100	64	40	@
100 0001	101	65	41	A
100 0010	102	66	42	B
100 0011	103	67	43	C
100 0100	104	68	44	D
100 0101	105	69	45	E
100 0110	106	70	46	F
100 0111	107	71	47	G
100 1000	110	72	48	H
100 1001	111	73	49	I
100 1010	112	74	4A	J
100 1011	113	75	4B	K
100 1100	114	76	4C	L
100 1101	115	77	4D	M
100 1110	116	78	4E	N
100 1111	117	79	4F	O
101 0000	120	80	50	P
101 0001	121	81	51	Q
101 0010	122	82	52	R
101 0011	123	83	53	S
101 0100	124	84	54	T
101 0101	125	85	55	U
101 0110	126	86	56	V

续表

二进制 Binary	八进制 Oct	十进制 Dec	十六进制 Hex	字　符
101 0111	127	87	57	W
101 1000	130	88	58	X
101 1001	131	89	59	Y
101 1010	132	90	5A	Z
101 1011	133	91	5B	[
101 1100	134	92	5C	\
101 1101	135	93	5D	]
101 1110	136	94	5E	ˆ
101 1111	137	95	5F	_
110 0000	140	96	60	`
110 0001	141	97	61	a
110 0010	142	98	62	b
110 0011	143	99	63	c
110 0100	144	100	64	d
110 0101	145	101	65	e
110 0110	146	102	66	f
110 0111	147	103	67	g
110 1000	150	104	68	h
110 1001	151	105	69	i
110 1010	152	106	6A	j
110 1011	153	107	6B	k
110 1100	154	108	6C	l
110 1101	155	109	6D	m
110 1110	156	110	6E	n
110 1111	157	111	6F	o
111 0000	160	112	70	p
111 0001	161	113	71	q
111 0010	162	114	72	r
111 0011	163	115	73	s
111 0100	164	116	74	t
111 0101	165	117	75	u
111 0110	166	118	76	v
111 0111	167	119	77	w
111 1000	170	120	78	x
111 1001	171	121	79	y
111 1010	172	122	7A	z
111 1011	173	123	7B	{

续表

二进制 Binary	八进制 Oct	十进制 Dec	十六进制 Hex	字　　符
111 1100	174	124	7C	|
111 1101	175	125	7D	}
111 1110	176	126	7E	~

附录C

串口通信可用config配置

串口通信可用 config 配置，见表 C-1。

表 C-1　串口通信可用 config 配置

config 可选配置	数 据 位	校 验 位	停 止 位
SERIAL_5N1	5	无	1
SERIAL_6N1	6	无	1
SERIAL_7N1	7	无	1
SERIAL_8N1（默认配置）	8	无	1
SERIAL_5N2	5	无	2
SERIAL_6N2	6	无	2
SERIAL_7N2	7	无	2
SERIAL_8N2	8	无	2
SERIAL_5E1	5	偶	1
SERIAL_6E1	6	偶	1
SERIAL_7E1	7	偶	1
SERIAL_8E1	8	偶	1
SERIAL_5E2	5	偶	2
SERIAL_6E2	6	偶	2
SERIAL_7E2	7	偶	2
SERIAL_8E2	8	偶	2
SERIAL_5O1	5	奇	1
SERIAL_6O1	6	奇	1
SERIAL_7O1	7	奇	1
SERIAL_8O1	8	奇	1

续表

config 可选配置	数 据 位	校 验 位	停 止 位
SERIAL_5O2	5	奇	2
SERIAL_6O2	6	奇	2
SERIAL_7O2	7	奇	2
SERIAL_8O2	8	奇	2

附录D

Zephyr简介

除了使用 Arduino IDE 开发外，Genuino 101 还可以使用 Zephyr SDK 进行开发。

Zephyr(图 D-1)是 Linux 基金会维护的小型实时操作系统。它是一种针对资源有限的系统打造的小型、可扩展、实时操作系统。Zephyr 支持多种处理器架构，通过 Apache 2.0 开源许可发布。其目标是允许商业和开源开发者共同定义和发展最适合他们需求的物联网解决方案。

图 D-1　Zephyr 系统

Zephyr 得到了业界众多公司的支持，Intel 子公司 Wind River 向 Zephyr 项目捐赠了它的 Rocket RTOS 内核。因为 Zephyr 基于已使用十多年、久经实际应用考验的 Wind River 代码库而构建，其可靠性可见一斑。

Zephyr 占用的存储空间非常小，具有扩展性，专为小型物联网设备所设计。它的模块化设计使得不论是采用哪种架构创建物联网方案，都能满足设备的需求；它还包含有强大的开发工具，随着不断发展，开发人员可以使用其定制更多新功能；它是一个真正开源和开放的系统,使用开源的方式生存和发展,开发者不仅能够影响其发展方向,也能影响其对软件和硬件的支持。

Zephyr 的以下特性和功能让它跟一般小型操作系统有所区别。

1. 安全特性

Zephyr 项目在设备和通信协议栈的两个层次提供安全特性。除此之外,社区也对安全问题非常重视,正在建立安全工作组以确保安全,安全特性是系统重要指标。

2. 范围宽广的内存支持

从 32KB 闪存到 8KB 随机存取存储器,Zephyr 都可以支持。开发者可以根据需求自行设定。

3. 跨架构支持

Zephyr 支持多种架构的处理器。让开发者能够根据需求,有更多选择硬件的自由。

4. 整合的通信栈

包含设备到设备的连接。开发者可以轻易地将产品连接到各式各样的物联网设备,不论是传感器、网关还是云端。

5. 广泛的服务套件

Zephyr 为软件开发提供了许多熟悉的服务,其中包含多线程服务、中断服务、线程间的同步服务、线程间的数据传递服务、电源管理服务等。

6. 社区支持与产业支援

Zephyr 项目与 Linux 基金会的合作伙伴关系创造了一个中立的、可信任的模式,令公司和开发者对时间和资源的投资更有意义。

Zephyr 系统组成如图 D-2 所示。Zephyr 内核的核心部分是微内核(microkernel)以及底层的超微内核(nanokernel),如图 D-3 所示。Zephyr 内核还包括各种各样的辅助子系统,例如硬件设备驱动库和网络软件。

开发者可同时使用微内核和超微内核,或仅使用超微内核开发应用程序。

超微内核是一个性能卓越的、带有内核基本特征的多线程执行环境。超微内核是小内存系统(内核本身只需 2KB 内存空间)或单一多线程需求系统(如各种各样的中断请求处理、单一的空闲任务)的理想选择,例如嵌入式传感器设备、环境传感器、简单的可穿戴 LED、仓库存货标记。

微内核在超微内核的基础上加入了更加强大的内核功能。微内核适用于大内存(50～

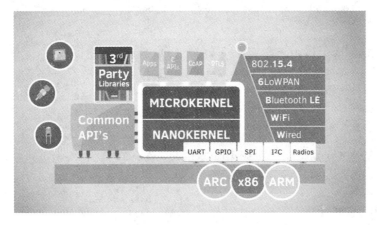

图 D-2　Zephyr 系统组成

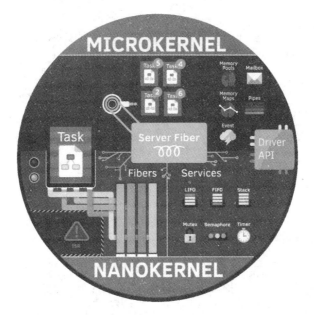

图 D-3　Zephyr 内核结构

900KB)、多通信设备(例如 WiFi 和低功耗蓝牙)、多数据处理任务的系统,例如健康可穿戴设备、智能手表、loT 无线网关。

7. 多线程功能

Zephyr 内核支持下述三种类型的上下文多线程处理。

任务上下文(Task Context):任务上下文是抢占式的线程,通常用于运行冗长、复杂的处理。任务调度以优先级为基础,高优先级任务的执行能够抢占低优先级任务的执行。内核同样支持时间片轮转调度,优先级相同的任务可轮流执行,因而不会存在任务独占 CPU 的风险。

纤程上下文(Fiber Context):纤程是轻量级的、不支持抢占的线程,一般用于设备驱动和其他比较重要的任务。纤程调度以优先级为基础,高优先级的纤程先于低优先级的纤程执行。被调度的纤程将持续执行,直到自身运行阻塞操作停止运行。纤程上下文优先级高于任务上下文,因而任务上下文只能在无剩余的纤程可被调度后获得执行时间。

中断上下文(Interrupt Context):中断上下文是一种特殊的内核上下文,用于执行中断服务动作。中断上下文的优先级高于其他所有上下文,因而只有当无可执行的中断服务操作时,任务和纤程才能被执行。

8. 中断服务功能

Zephyr 内核支持硬件中断处理和软件中断处理,也被称为中断服务程序(Interrupt Service Routine,ISR)。

中断处理优先级高于任务和纤程处理,因而任何 ISR 在任何需要被执行的时候都能抢占正在被调度的任务或纤程。内核同样支持中断嵌套处理,高优先级的 ISR 能够中断低优先级的 ISR 的执行。

Zephyr 超微内核仅支持对个别中断请求(Interrupt Request,IRQ)做出响应,例如硬件定时器和系统控制台,其他的 IRQ 需要由设备驱动程序或者应用程序来进行响应。每个 ISR 在程序编译时被内核注册,也可以在内核运行时动态地注册。Zephyr 支持的 ISR 既可以用 C 语言编写,也可以用汇编语言编写。

当 ISR 不能及时完成中断时,内核的同步和数据传输机制将会把余下的操作交给纤程或任务来继续完成。

9. 时钟和定时器功能

内核时钟以持续时间可配置的节拍(tick)为单位。内核中有一个 64 位的变量,其中保存从内核启动时至当前时刻的节拍总数,这个数字乘以每个节拍的持续时间就是系统已经运行的时间。

Zephyr 也支持高分辨率的硬件时钟,可用于测量节拍的精确时间。

超微内核允许纤程和线程运行以系统时钟为基础的时间基础操作。该操作可通过使用超微内核中的 API 或者使用定时器实现,前者可以设置超时时间,后者则可以设置以节拍为单位的倒计时时间。

微内核中任务还能使用定时器溢出功能以实现时间为基础的操作。微内核的定时器还具备一些超微内核不具备的功能,例如周期期限模式。

10．同步功能

Zephyr内核提供四种对象保证不同的上下文同步运行。

微内核提供的对象类型如下所述（所述类型适用于任务，对纤程和ISR而言功能将会有所限制）：

信号量：微内核的信号量是累加信号量，用于标记可使用的特定资源单元的数量。

事件：事件是一个二进制的信号量，用于标记资源是否可用。

互斥量：互斥量可加锁，用于优先级倒置保护。互斥量与二进制的信号量类似，但包含额外的逻辑，保证只能让相关资源的拥有者释放它，从而让持有高优先级、需要资源的低优先级线程执行加速执行。

超微内核提供的对象类型如下所述（所述类型适用于纤程，对任务和ISR而言功能将会有所限制）：

信号量：微内核的信号量是累加信号量，用于标记可使用的特定资源单元的数量。

11．数据传输功能

Zephyr提供六种对象保证不同上下文之间的数据传输。

微内核提供的对象类型如下所述（所述类型适用于任务，对纤程和ISR而言功能将会有所限制）。

FIFO：微内核的FIFO遵循队列机制，允许任务以异步先进先出的方式交换固定大小的数据。

信箱：信箱同样遵循队列机制，允许任务以同步先进先出的方式交换可变大小的数据。信箱也支持异步传输，允许任务使用相同的信箱，同步或非同步交换信件。

管道：管道也遵循队列机制，允许一个任务给另一个发送一组字节数据流。支持同步和异步数据交换。

超微内核提供的对象类型如下所述（所述类型适用于纤程，对任务和ISR而言功能将会有所限制）：

FIFO：超微内核的FIFO遵循队列机制，允许上下文以异步先进先出的方式交换可变大小的数据。

LIFO：超微内核的LIFO同样遵循队列机制，允许上下文以异步后进先出的方式交换可变大小的数据。

栈区：超微内核的栈区遵也循队列机制，允许上下文以异步先进先出的方式交换32位大小的数据。

12．内存动态分配功能

Zephyr内核要求所有的资源在编译时进行定义，因而提供的内存动态分配功能有限。

这种支持可用来替换标准 C 库的 malloc() 和 free()，尽管有一些明星的区别。

　　微内核提供两种类型的对象帮助任务动态分配内存块。这些类型的对象不适用于纤程和 ISRs。

　　内存图：内存图是一个支持动态分配、释放单一固定大小内存块的内存区。一个应用程序可以拥有多个内存图，内存图块的大小和容量可以单独配置。

　　内存池：内存池是一个支持动态分配、释放多个固定大小内存块的内存区。当应用程序需要不同的块大小时，该方式可以更有效地使用内存。一个应用程序可以拥有多个内存池，内存池块的大小和容量可以单独配置。

　　超微内核不支持内存动态分配功能。

　　更多 Zephyr 相关资料可见：

https://www.zephyrproject.org/。

http://clz.me/101-book/more/。

后　记

今天,Arduino 无疑是用户数量最多的硬件开发平台之一,我到各个高校演讲,或者参加各种技术团体的活动,也总是会遇到一些 Arduino 的用户,他们都很喜欢 Arduino 的简单易用,并正在使用它做着开发。也正是这种简单易用,让他们对使用 Arduino 做开发抱有一些疑问和误解,在本书最后简单做一下说明。

误解一:Arduino 性能很低,不如树莓派等开发板,所以不要用 Arduino 做开发。

杀鸡焉用牛刀,中科院不会用"银河"来玩"魔兽",你也不会用"小霸王"来做开发,不同的平台有不同的定位。

Arduino 更多用在数据采集和控制上,简单轻量。而树莓派等带 OS 的开发板可以实现更多的复杂功能,如图形图像处理。

聪明的开发者会选择合适自己、合适项目的平台,而非选择性能最强大的平台。

误解二:Arduino 程序效率很低,所以不要用 Arduino 做开发。

Arduino 核心库是对 AVRGCC 的二次封装,确实会降低一些运行效率,但是这又有什么关系呢? 你的程序真是对实时性要求很高吗? 至少我在国内没有看到多少对效率极为苛求的项目。

用 Arduino 开发与传统的单片机开发的关系,类似于各种语言和其配套的 SDK,大部分程序都是使用 SDK 开发出来的,使用 SDK 避免了重复工作,节约了开发成本,缩短了项目周期,选择 Arduino 做开发也是如此。

当然,你可以选择使用传统方式,甚至是利用汇编开发单片机,把效率做到极致,但你必定会付出更大的学习成本和更多开发时间,如果开发经验不足,那后期的维护升级也是举步维艰。

如果你的项目真是需要很高的实时性,那我建议你使用 Arduino 集合 avr-libc 甚至 Arduino 结合汇编的混编方式开发,如果这样还达不到要求,你还可以使用 chipkit、maple 等 32 位的类 Arduino 的开发平台。

误解三:Arduino 只能开发玩具,不能做产品。

能不能开发产品和 Arduino 本身无关,只与你自身能力有关。

目前国内外很多公司都在使用 Arduino 开发产品,也有不少成功的商业产品,所谓的不能开发产品,只能当玩具一说,完全是无稽之谈。

如果你正在从事硬件开发工作,你会发现,现在各大 IC 厂商都推出了自己的类库或 SDK,其本质和 Arduino 类库是一样的,这也是硬件行业的趋势。这和大家写软件用 SDK 是一个道理。

我个人也一直不太明白有人说 Arduino 不能开发产品的逻辑,难道就不能把它当作

AVR 的一套 SDK 吗？如果你的理由是硬件成本，那么请看下一条。

误解四：Arduino 开发板成本太高，不适合做产品。

我介绍 Arduino 时，都会告诉别人 Arduino 是一个开发平台。

我所说的用 Arduino 做开发，指的是使用 Arduino 核心库做开发。开发的产品也并不是非得集成 Arduino 官方的开发板，一个核心的控制芯片足以。至于芯片多少钱，开发者们都很清楚了。

如果你对产品体积没要求，且产量很小，也完全可以直接使用 Arduino 控制器。

在小批量的情况下，使用 Arduino 开发可以大大降低你的开发成本。如果你的项目产量很大，你当然应该选用更便宜的芯片开发，一块钱的 stc，五毛钱的 HT 都是可以的。

总结一下，Arduino 的优势在于社区的强大和众多类库资源，其资源和影响力已经让github 都加上了 Arduino 语言分类。

有个冷笑话，如果在任一技术群体中说"php 是最好的语言"，必定会激起一番论战。如果讨论众多硬件开发平台孰好孰坏，就会陷入这种无意义的逻辑中。所以请注意，我没有说过 Arduino 是最好的开发平台，我只是希望大家知道：

选择一个适合自己的、适合项目的开发平台，才是最重要的。

参考文献

［1］　谭浩强.C 程序设计［M］.3 版.北京：清华大学出版社，1999.
［2］　Stanley B. LippmanBarbara E. Moo JoséeLaJoie. C++Primer［M］.4 版.北京：人民邮电出版社，2006.

图书资源支持

感谢您一直以来对清华版图书的支持和爱护。为了配合本书的使用，本书提供配套的素材，有需求的用户请到清华大学出版社主页（http://www.tup.com.cn）上查询和下载，也可以拨打电话或发送电子邮件咨询。

如果您在使用本书的过程中遇到了什么问题，或者有相关图书出版计划，也请您发邮件告诉我们，以便我们更好地为您服务。

我们的联系方式：

地　　址：北京海淀区双清路学研大厦 A 座 707

邮　　编：100084

电　　话：010－62770175－4604

资源下载：http://www.tup.com.cn

电子邮件：weijj@tup.tsinghua.edu.cn

QQ：883604（请写明您的单位和姓名）

用微信扫一扫右边的二维码，即可关注清华大学出版社公众号"书圈"。

扫一扫
资源下载、样书申请
新书推荐、技术交流